BASTEI LÜBBE

Joy Adamson

Die Löwin Elsa

Aus dem Englischen übersetzt von
Wilm W. Elwenspoek

BASTEI
LÜBBE

BASTEI-LÜBBE-TASCHENBUCH
Band 63 208

1. Auflage Nov. 1989
2. Auflage März 1991

Titel der englischen Ausgabe BORN FREE,
erschienen bei Collins Publ., London

Printed in Germany, März 1991
Einbandgestaltung: Adolf Bachmann
Entwurf: R. Schaber / R. Winkler
Titelfoto: Bayat / Berlin
Satz: Fotosatz Schell, Bad Iburg
Druck und Bindung: Clausen & Bosse, Leck
ISBN 3-404-63 208-7

Der Preis dieses Bandes versteht sich einschließlich
der gesetzlichen Mehrwertsteuer

Inhalt

Bei der Niederschrift von Elsas Geschichte habe ich vielfach die Aufzeichnungen meines Mannes sowie im letzten Kapitel seine Briefe verwendet und möchte deshalb darauf hinweisen, daß ein Teil des Buches von ihm stammt.

Auch anderen bin ich zu Dank verpflichtet. Lord William Percy, der Elsa mit seiner Freundschaft auszeichnete, schrieb das Vorwort. Captain Charles Pitman, der frühere Game Warden von Uganda, hat ein Nachwort zu dem Buch beigetragen und mir viele wertvolle Informationen gegeben. Cecil Webb, der frühere Curator of Mammals am Regent's Park Zoo und Direktor des Dubliner Zoos, hat mir bei der Durchsicht des Textes geholfen. Dr. E. G. Appelman, Direktor von Blydorp, des Zoos in Rotterdam, überprüfte gewisse zoologische Daten. Ferne möchte ich Mrs. Robert Atkinson und Mr. Adrian House für ihr persönliches Interesse an der Herstellung des Buches danken. Am meisten schulde ich aber Mrs. George Villiers, ohne deren Hilfe und Rat, insbesondere bei der Zusammenstellung des Materials, dieser Bericht über das Leben Elsas niemals in der vorliegenden Form erschienen wäre.

J. A.

von Lord William Percy

Ob nun Wahrheit oder Phantasie den Berichten zugrunde liegen, die den Assyrern zuschreiben, sie hätten Löwen als Tschitahs (Jagdleoparden), Windhunde oder Apportierhunde dressiert, um zusammen mit den Menschen auf Jagd zu gehen, die Adamsons können auf jeden Fall zweifellos von sich behaupten, seit mehreren tausend Jahren die ersten zu sein, die versuchten, dieses Ziel mit einer Löwin zu erreichen. Und das *nicht* vorsätzlich, sondern lediglich indem sie dem Tier erlaubten, in ihrer Gesellschaft aufzuwachsen, und es nie zuließen, daß seine natürliche Veranlagung in irgendeiner Weise durch Zwang behindert wurde.

Die Geschichte ihrer Löwin Elsa, die sie von frühester Kindheit bis zum ausgewachsenen dreijährigen Tier aufzogen und schließlich wieder in das Leben in der Wildnis zurückführten, stellt eine einzigartige und aufschlußreiche Studie auf dem Gebiet der Tier psychologie dar, einem Gebiet, zu dem man im letzten halben Jahrhundert eine völlig neue Einstellung gefunden hat. Zum Teil wohl zweifellos aus Opposition gegen die anthropomorphistische Tendenz der Schriftsteller des neunzehnten Jahrhunderts, Tieren menschenähnliche Intelligenz, Empfindungen und Gefühle zuzuschreiben, entstand im zwanzigsten Jahrhundert eine Denkrichtung, die die Triebkräfte für das Verhalten der Tiere mit Ausdrücken wie ›bedingte Reflexe‹, ›Auslösemechanismus‹ und einem weiteren völlig neuen Vokabular zu beschreiben sucht, das als ein Weg zum klareren Verständnis der Tierpsychologie betrachtet wird. Einer anderen Denkrichtung, die diese mechanistische Konzeption mit den Unterschieden im Charakter, in der Intelligenz und in den Fähigkeiten bei den verschiedenen einzelnen Exemplaren der gleichen Gattung nicht vereinbaren kann, scheint diese Methode, das Verhalten der Tiere zu erklären, ebensowenig zur Erkenntnis der Wahrheit zu führen, wie der Anthropomorphismus der vorhergehenden Generation. Sie vertritt die Ansicht, daß dadurch eher eine weitere Barriere auf dem Wege zum richtigen Verständnis der Tier-Verhaltenspsychologie errichtet wird.

Welcher Denkrichtung der Leser von Elsas Geschichte auch zuneigen mag, diese Geschichte ist ein fesselnder und interessanter Bericht, in dem die schrittweise Entwicklung eines selbstbeherrschten Charakters geschildert wird, den nur wenige bei einem Tier für möglich halten werden, das zu den gefährlichsten der Welt gehört. Daß ein derartiges Geschöpf im Zustand höchster Erregung, dessen Blut nach einem langen Kampf mit einem Büffel aufgepeitscht ist und das noch auf ihm hockt, einem Menschen erlaubt, sich ihm zu nähern und seiner Beute die Kehle zu durchschneiden, um eine religiöse Vorschrift zu erfüllen, und das dann hilft, das erlegte Wild aus einem Fluß zu bergen, ist ein erstaunlicher Beweis nicht nur für seine Intelligenz, sondern auch für seine Selbstbeherrschung.

Wenn einer der einfallsreichsten Autoren von Tiergeschichten des neunzehnten Jahrhunderts eine Löwin erfunden und geschildert hätte, die sich in dieser Weise verhielt, wäre er ohne jeden Zweifel als völlig wirklichkeitsfremd und seine Geschichte als zu unwahrscheinlich, um glaubwürdig zu sein, lächerlich gemacht worden.

Aber der Bericht über Elsa zeigt, daß es sich um nichts anderes als um eine Tatsache handelt. Wenn also Elsas Entwicklung als ein Kommentar sowohl zum ›Anthropomorphismus‹ des neunzehnten Jahrhunderts als auch zu der ›Wissenschaft‹ des zwanzigsten gewertet wird, hat sie nicht umsonst gelebt.

Erstes Kapitel

Kindheit

Viele Jahre lang war die nördliche Grenzprovinz von Kenia meine Heimat gewesen: ein weites Gebiet mit halbdürren Dornenbüschen, das sich über rund hundertundzwanzig Quadratmeilen vom Mount Kenia bis zur abessinischen Grenze erstreckt.

Dieser Teil Afrikas ist von der Zivilisation noch kaum berührt; Siedler gibt es nicht, die ansässigen Stämme leben weitgehend wie ihre Vorfahren, und wilde Tiere aller Art sind in reicher Fülle vorhanden.

George, mein Mann, ist Senior Game Warden in diesem riesigen Gebiet, und unser Heim liegt nahe der südlichen Grenze der Provinz bei Isiolo, einem kleinen Ort mit rund dreißig Weißen, alles Regierungsbeamte, die in der Verwaltung dieses Gebietes tätig sind.

George hat als Senior Game Warden viele Pflichten. Zu ihnen gehört die Überwachung der bestehenden Jagdgesetze, die Bekämpfung der Wilderer und die Vernichtung gefährlicher Tiere, die den Eingeborenen bedrohen. Seine Arbeit verlangt, daß er über riesige Strecken reist; wir nennen diese Reisen Safaris. Wenn es möglich ist, begleite ich meinen Mann auf diesen Fahrten, und dadurch habe ich in einzigartiger Weise Gelegenheit gehabt, dieses wilde, unberührte Land kennenzulernen, in dem das Leben hart ist und dem die Natur ihre eigenen Gesetze aufzwingt. Meine Geschichte fand ihren Anfang auf einer dieser Safaris. Ein menschenfressender Löwe hatte einen Mann vom Stamm der Boran getötet. George wurde gemeldet, daß die Bestie mit zwei Löwinnen in den benachbarten Bergen hause, und sie zur Strecke zu bringen, gehörte nun zu seiner Pflicht. Aus diesem Grunde lagerten wir weit nördlich von Isiolo im Gebiet des Stammes der Boran.

Früh am Morgen des 1. Februar 1956 befand ich mich im Lager allein mit Pati, einem Klippschlieferweibchen, das als Haustier seit sechseinhalb Jahren bei uns lebte. Es sah wie ein Murmeltier oder Meerschweinchen aus, obwohl die Zoologen den Klippschliefer auf Grund des Knochenbaues seiner Füße und Zähne zur nächsten Verwandtschaft des Nashornes und des Elefanten rechnen.

Pati saß auf meinem Nacken, schmiegte sich mit ihrem weichen Fell an mich und beobachtete aus dieser sicheren Stellung heraus alles, was um uns vorging. Die Umgebung war trocken, von Granitausläufern durchzogen und hatte eine nur dürftige Vegetation. Trotzdem gab es viele Tiere zu sehen, vor allem viele Giraffengazellen und andere Gazellen, Geschöpfe, die sich den vorherrschenden trockenen Verhältnissen angepaßt haben und nur selten, wenn überhaupt, trinken.

Plötzlich hörte ich das Brummen eines Motors. Das konnte nur bedeuten, daß George, viel früher als erwartet, zurückkam. Bald darauf bahnte sich unser

Landrover seinen Weg durch die Dornbüsche, hielt nahe bei unseren Zelten an, und ich hörte George rufen: »Joy, wo bist du? Schnell, ich habe etwas für dich ...«

Mit Pati auf meiner Schulter lief ich hinaus und erkannte das Fell eines Löwen. Aber noch ehe ich nach der Beute fragen konnte, deutete George hinten auf den Wagen. Dort lagen drei Löwenbabys, winzige, gefleckte Fellknäuel, und jedes versuchte, sein Gesicht zu verstecken. Sie waren nur wenige Tage alt, und ihre Augen waren noch von einer bläulichen Schicht bedeckt. Sie konnten kaum riechen, trotzdem versuchten sie fortzukrabbeln. Ich nahm sie auf meinen Schoß, um sie zu trösten, während George mir sehr bedrückt erzählte, was geschehen war.

Gegen die Morgendämmerung waren er und Ken, ein anderer Wildheger, in die Nähe des Ortes geführt worden, wo der Menschenfresser angeblich hausen sollte. Im ersten Tageslicht wurden sie von einer Löwin angegriffen, die hinter ein paar Felsen hervorschoß. Sie wollten sie zwar nicht töten, aber das Tier war ihnen zu nahe, und ein Rückzug war gefährlich. Darum gab George Ken ein Zeichen, zu schießen. Er traf, verwundete sie aber nur. Die Löwin verschwand, und als sie weiter vorgingen, fanden sie eine bergauf führende starke Blutspur.

Schritt für Schritt stiegen sie vorsichtig über den Kamm des Hügels, bis sie einen riesigen, flachen Felsen erreichten. George kletterte hinauf, um einen besseren Ausblick zu gewinnen, während Ken unten weitersuchte. Dann sah er, wie Ken unter den Felsen spähte, stehenblieb, sein Gewehr hob und beide Läufe abfeuerte. Darauf folgte ein Brüllen, die Löwin erschien und stürzte sich direkt auf Ken. George konnte nicht schießen, weil Ken sich in seiner Schußlinie befand. Zum Glück schoß der Fährtensucher, der sich in einer günstigeren Position befand, rechtzeitig und lenkte das Tier dadurch ab. Das ermöglichte George, es zu töten. Es war eine große Löwin in den besten Jahren, ihre Zitzen waren prall von Milch. Erst als er das sah, erkannte George, weshalb das Tier so gereizt und ihnen so mutig entgegengetreten war. Er machte sich Vorwürfe, daß er an ihrem Verhalten nicht früher erkannt hatte, daß sie nur ihren Wurf verteidigte.

Darauf befahl er, nach den Jungen zu suchen. Bald hörten er und Ken schwache Laute aus einer Spalte unter dem Felsen. Sie streckten ihren Arm so weit wie möglich in die Öffnung. Lautes kindliches Knurren und Fauchen antwortete auf ihre erfolglosen Versuche. Darauf schnitten sie sich einen langen Stecken mit einem Haken, und nach langem Hin- und Hertasten gelang es ihnen, die Jungen herauszuziehen, die nicht älter als zwei oder drei Tage sein konnten. Sie trugen sie zu dem Wagen, wo die beiden größten während der ganzen Rückfahrt zum Lager knurrten und fauchten. Das dritte und kleinste dagegen leistete keinen Widerstand und erschien völlig unberührt. Jetzt lagen die drei Babys auf meinem Schoß, und ob ich wollte oder nicht, ich hatte für nichts anderes Augen und Ohren.

Zu meiner Überraschung legte sich Pati, die im allgemeinen gegenüber jedem Rivalen sehr eifersüchtig war, zu ihnen und erkannte sie offensichtlich als willkommene Gefährten an. Von diesem Tage an waren die Vier unzertrennlich. Während der ersten Tage war Pati die Größte in der Gesellschaft und infolge ihrer sechs Jahre auch sehr würdig im Vergleich zu den plumpen, kleinen Samtknäueln, die noch nicht umhertapsen konnten, ohne dabei ihr Gleichgewicht zu verlieren.

Zwei Tage später nahmen die Babys zum erstenmal Milch an. Bis dahin hatten sie auf alle meine Versuche, ihnen verdünnte, ungezuckerte Kondensmilch einzuflößen, nur ihre winzigen Schnauzen gehoben und protestiert: »Ng-ng, ng-ng«, ganz ähnlich, wie wir es als Kinder machten, ehe wir bessere Manieren erworben und gelernt hatten, »nein, danke« zu sagen.

Nachdem sie einmal die Milch angenommen hatten, konnten sie nicht genug davon bekommen. Und alle zwei Stunden mußte ich Milch wärmen und den Gummischlauch reinigen, den wir aus dem Radio herausmontiert hatten und zum Nähren verwendeten, bis wir eine richtige Säuglingsflasche beschaffen konnten.

Wir hatten sofort einen Boten zum nächsten afrikanischen Markt ausgeschickt, nicht nur, um einen Sauger zu besorgen, sondern auch Lebertran, Glukose und Kartons mit ungezuckerter Dosenmilch. Gleichzeitig hatten wir einen Hilferuf an den District Commissioner in Isiolo, rund hundertfünfzig Meilen entfernt, gesandt, der die Ankunft dreier königlicher Babys innerhalb von vierzehn Tagen ankündigte. Wir baten ihn, bis zu unserer Rückkehr ein bequemes, hölzernes Heim für sie bauen zu lassen.

Innerhalb weniger Tage hatten sich die Babys an uns gewöhnt und waren aller Lieblinge. Pati, ihre gewissenhafte, selbsternannte Amme, blieb tonangebend. Sie hing an ihnen und machte sich nie etwas daraus, daß die drei schnell wachsenden kleinen Tyrannen auf ihr herumtrampelten oder sie hin- und herstießen. Alle drei Babys waren Weibchen.

Selbst in diesem Alter zeigten sie schon eindeutig ihren Charakter. Die ›Große‹ war von einer wohlwollenden Überlegenheit und zeigte sich den anderen gegenüber nachsichtig. Die zweite war ein Clown, lachte immer und klapste mit beiden Vorderpfoten ihre Milchflasche, während sie mit selig geschlossenen Augen trank. Ich taufte sie ›Lustica‹, die Lustige.

Die dritte war der Größe nach die Schwächste, aber geistig die Lebhafteste. Sie schnüffelte überall herum und wurde von den anderen jedesmal zur Erkundung vorgeschickt, wenn ihnen etwas verdächtig erschien. Ich nannte sie Elsa, weil sie mich an jemand erinnerte, der so hieß.

Im natürlichen Ablauf der Ereignisse wäre sie wahrscheinlich diejenige gewesen, die von dem Rudel* ausgestoßen worden wäre. Im Durchschnitt besteht ein Wurf aus vier Jungen, von denen im allgemeinen eines bald nach der Geburt stirbt und ein weiteres häufig zu schwach ist, um aufgezogen zu werden. Aus diesem Grunde sieht man eine Löwin meistens mit nur zwei Jungen. Die Mutter sorgt für sie, bis sie zwei Jahre alt sind. Im ersten Jahr versorgt sie ihre Jungen mit Nahrung, die sie wieder ausstößt, nachdem sie sie für die Jungen durch Vorverdauen genießbar gemacht hat. Während des zweiten Jahres dürfen die Jungen an der Jagd teilnehmen, werden aber streng bestraft, wenn sie ihre Selbstbeherrschung verlieren. Da sie in diesem Alter noch nicht in der Lage sind, ihr Wild selbst zu töten, sind sie für ihre Ernährung auf das angewiesen, was die ausgewachsenen Löwen des Rudels von ihrer Beute übriglassen. Oft bleibt für sie sehr wenig übrig, so daß sie sich in diesem Alter im allgemeinen in einem schlechten, unzulänglich ernährten Zustand befinden. Manchmal können sie ihren Hunger nicht ertragen, dann brechen sie entweder in die Reihe der schlingenden ausgewachsenen Tiere ein und werden wahrscheinlich getötet, oder sie verlassen das Rudel in kleinen Gruppen, und da sie noch nicht richtig zu jagen wissen, geraten sie oft in Gefahr. Die Gesetze der Natur sind hart, und Löwen müssen von Anfang an schwer lernen.

Das Quartett – Pati und die drei Löwenbabys – verbrachte den größten Teil des Tages unter meinem Fenster. Offensichtlich erschien ihnen das als ein sicherer Platz und einer, der mit ihrer natürlichen Kinderstube die größte Ähnlichkeit hatte. Sie waren von Natur aus stubenrein und immer sehr bemüht, rechtzeitig den Sand draußen zu erreichen. In den ersten

* Rudel ist der gebräuchliche Ausdruck, mit dem eine Gesellschaft von mehr als zwei Löwen bezeichnet wird. Es kann aus einer oder mehreren Familien und ein paar ausgewachsenen Tieren bestehen, oder aus einer Anzahl von ausgewachsenen Löwen, die zusammen leben, um gemeinsam zu jagen, im Gegensatz zu einem Löwenpaar oder einem Einzelgänger.

Tagen gab es ein paar Mißgeschicke, wenn später aber ganz selten einmal eine kleine Pfütze ihr Heim verunzierte, dann miauten sie und zogen komische kleine Grimassen des Abscheus. Sie waren in jeder Hinsicht wunderbar sauber und besaßen keinen Geruch, außer einem sehr angenehmen nach Honig – oder war es eher Lebertran? Ihre Zungen waren schon so rauh wie Sandpapier. Als sie älter wurden, konnten wir sie sogar durch unsere Khakikleidung spüren, wenn sie uns leckten.

Als wir zwei Wochen später nach Isiolo zurückkehrten, wartete ein Palast auf unsere königlichen Babys. Alles kam, um sie zu bewundern, und sie erhielten einen königlichen Empfang. Sie liebten Europäer und besonders kleine Kinder, zeigten aber eine deutliche Abneigung gegen Afrikaner. Die einzige Ausnahme war ein junger Somali namens Nuru. Er war unser Gartenboy. Jetzt ernannten wir ihn zum Chef-Löwenwächter und Pfleger. Diese Stellung gefiel ihm, weil sie sein soziales Ansehen hob. Wenn die Kleinen müde wurden, durch das ganze Haus und seine Umgebung zu tollen, und es vorzogen, unter einem schattenspendenden Busch zu schlafen, mußte er allerdings auch stundenlang neben ihnen sitzen und darüber wachen, daß sie weder von Schlangen noch Pavianen belästigt wurden.

Zwölf Wochen lang ernährten wir sie mit einer Diät aus ungezuckerter Milch, in die Lebertran, Glukose, Knochenmehl und etwas Salz gemischt wurden. Bald zeigten sie uns, daß sie nur noch alle drei Stunden eine Mahlzeit brauchten, und nach und nach wurden die Abstände immer länger.

Ihre Augen waren jetzt geöffnet, sie konnten aber noch keine Entfernungen beurteilen und verfehlten häufig ihr Ziel. Um ihnen über diese Schwierigkeit hinwegzuhelfen, gaben wir ihnen Gummibälle und einen alten Autoschlauch zum Spielen. Der letztere erwies sich als ideal für Kampfspiele. Tatsächlich faszinierte sie alles, was aus Gummi bestand oder weich und biegsam war. Sie suchten ständig, einander den Schlauch abzujagen. Die Angreiferin rollte sich seitlich auf die Besitzerin und preßte ihr Gesicht zwischen den Schlauch und die jeweilige Rivalin. Wenn diese Methode nicht erfolgreich war, zerrte die Rivalin einfach mit ihrer ganzen Kraft an dem Schlauch. Wenn die Schlacht dann gewonnen war, paradierte die Siegerin mit der Trophäe vor den anderen auf und ab und reizte sie zu einem neuen Angriff. Blieb diese Herausforderung unbeachtet, wurde ihnen der Gummischlauch vor die Nase gelegt, während die Besitzerin so tat, als ahne sie nicht, daß er ihr fortgenommen werden könne.

Bei all ihren Spielen war Überraschung das wichtigste Element. Von frühester Jugend an beschlichen sie sich gegenseitig – und uns auch – und wußten aus Instinkt, wie man das richtig macht.

Sie griffen immer von hinten an. Sich in Deckung haltend, duckten sie sich zusammen, krochen dann langsam auf ihr argloses Opfer zu, bis mit einem fliegenden Sprung der endgültige Angriff kam, durch den die Angreiferin mit ihrem ganzen Gewicht auf dem Rücken ihres Opfers landete und es zu Boden warf. Wenn wir das Ziel eines dieser Überfälle waren, taten wir immer so, als bemerkten wir nichts. Entgegenkommend duckten wir uns zusammen und sahen in die andere Richtung, bis der letzte Ansturm kam. Die Löwenkinder waren von diesem Spiel begeistert.

Pati wollte immer an dem Spiel teilnehmen, achtete allerdings sorgfältig darauf, schweren Prankenschlägen auszuweichen und zu vermeiden, daß sie von ihren Pflegekindern erdrückt wurde, denn die Löwenbabys waren bald dreimal so groß wie sie. Bei allen anderen Gelegenheiten wahrte sie ihre Autorität einfach durch ihren Charakter: Wenn die Löwenbabys zu aggressiv wurden, wies sie sie zurecht, indem sie sich einfach umdrehte und ihnen entgegensah. Ich bewunderte Patis Mut, denn klein wie sie war, gehörte eine Menge dazu, die jungen Löwen von ihrer Furchtlosigkeit zu überzeugen. Um so mehr, als ihre einzigen Verteidigungswaffen ihre scharfen Zähne, ihre schnelle Reaktion, ihre Intelligenz und ihre Beherztheit waren.

Pati war als Neugeborenes zu uns gekommen und hatte ihre Lebensweise der unseren völlig angepaßt. Ungleich ihrem Vetter, dem Baumschliefer, war sie kein Nachttier und legte sich nachts zum Schlafen wie ein Pelz um meinen Hals. Sie war Vegetarierin, aber auf Alkohol versessen, und zwar auf die stärksten Getränke. Wenn sie eine Gelegenheit dazu fand, legte sie eine Flasche um, zog den Korken heraus und trank in großen Zügen. Für Patis Gesundheit, von ihrer Moral gar nicht zu reden, erwies sich das als sehr schlecht, und wir trafen jede Vorkehrung, um ihre Whisky- oder Gin-Gelage zu verhindern.

Für die Verrichtung ihrer Ausscheidungen hatte sie

seltsame Gewohnheiten. Klippschliefer benutzen immer den gleichen Platz, vorzugsweise eine Felskante. Zu Hause hockte sich Pati immer auf den Rand des Klosettsitzes und bot in dieser Stellung einen komischen Anblick. Auf Safari, wenn ihr diese Bequemlichkeit nicht zur Verfügung stand, war sie völlig ratlos, und wir mußten ihr schließlich eine eigene kleine Toilette bauen. Ich fand nie einen Floh oder eine Zecke an ihr, um so mehr überraschte mich ihre Gewohnheit, sich ständig zu kratzen. Sie hatte runde Zehennägel, wie die eines Miniaturnashornes, an ihren gutgepolsterten Füßen, vier an den Vorderbeinen und drei hinten. An der inneren Zehe der Hinterbeine befand sich eine Klaue, die man Kämmklaue nennt. Damit hielt sie ihr Fell glatt, und diese sorgfältige Pflege erklärte, weshalb sie sich ständig kratzte.

Pati hatte keinen sichtbaren Schwanz. An der Mitte ihres Rückgrats besaß sie eine Drüse, die als weißer Fleck in ihrem sonst scheckig grauen Fell erkennbar war. Diese Drüse gab ein Sekret ab, und wenn sie aus Freude oder Mißtrauen erregt wurde, richteten sich die Haare um die Drüse auf. Als die Löwenbabys größer wurden, sträubte sich ihr Haar viel zu häufig infolge der Furcht, die ihr die spielerischen, aber groben Possen der Junglöwen verursachten. Tatsächlich befand sie sich oft in Gefahr, aus Versehen von den Löwenjungen mit einem Gummiball verwechselt zu werden, vor der sie nur ihre ständige Bereitschaft bewahrte, sofort auf einer Fensterbank, einer Leiter oder einer anderen Erhöhung Zuflucht zu suchen. Ehe die Löwenbabys kamen, hatte Pati unter unseren

Tierpfleglingen den ersten Platz eingenommen. Darum war ich sehr gerührt, daß sie die kleinen Schurken weiter liebte, obwohl sie die Aufmerksamkeit unserer Besucher von ihr selbst ablenkten.

Als sich die Löwinnen mehr und mehr ihrer Kraft bewußt wurden, erprobten sie sie an allem, was sie finden konnten. Zum Beispiel mußte ein Bodenbelag, wie groß er auch war, herumgezerrt werden, und sie fingen das in löwengerechter Weise an, indem sie ihn unter ihren Körper nahmen und zwischen ihren Vorderbeinen schleiften, so, wie sie später in ihrem Leben ihre Beute schleifen würden. Ein anderes Lieblingsspiel war ›König der Burg‹. Eines der Jungen sprang auf einen Kartoffelsack und hielt die Angreiferinnen in Schach, bis sie plötzlich von einer ihrer Schwestern, die sie von hinten ansprang, entthront wurde. Die Siegerin war im allgemeinen Elsa, die eine günstige Gelegenheit immer wahrnahm, wenn sie sah, daß die beiden anderen in den Kampf vertieft waren.

Auch unsere paar Bananenstauden wurden als herrliche Spielzeuge betrachtet, und ihre üppigen Blätter waren bald zerfetzt. Auf Bäume zu klettern war ein weiteres Lieblingsspiel. Die kleinen Löwinnen waren die geborenen Akrobaten, wagten sich aber oft so hoch hinauf, daß sie sich nicht mehr umdrehen und herunterkommen konnten und wir sie retten mußten.

Wenn Nuru sie in der Morgendämmerung herausließ, schossen sie mit ihrer ganzen, durch die Nachtruhe aufgespeicherten Energie durch die Tür. Und diesen Augenblick konnte man mit dem Start bei einem Windhundrennen vergleichen. Bei einer solchen Gelegenheit entdeckten sie ein Zelt, in dem sich zwei Männer aufhielten, die uns besuchten. Innerhalb von fünf Minuten war es ein Wrack, und wir wurden durch die Schreie unserer Gäste geweckt, die vergeblich ihren Besitz zu retten suchten, während die jungen Löwinnen in wilder Aufregung unter die Trümmer tauchten und mit den verschiedensten Trophäen wieder erschienen: Hausschuhen, Pyjamas, Fetzen der Moskitonetze. Dieses Mal mußten wir mit einem kleinen Stock die Disziplin wiederherstellen.

Es war auch keine geringe Aufgabe, sie zu Bett zu bringen. Man stelle sich drei sehr nichtsnutzige kleine Mädchen vor, die es wie alle Kinder hassen, schlafenzugehen, die aber zweimal so schnell laufen konnten wie ihr Kindermädchen und außerdem noch den Vorteil besaßen, im Dunkeln sehen zu können. Wir waren häufig gezwungen, Täuschungsmanöver anzuwenden. Ein sehr erfolgreicher Trick war, einen alten Sack an einen Strick zu binden und ihn gleichmäßig auf ihre Behausung zu und dann hineinzuziehen. Im allgemeinen konnten sie nicht widerstehen, darauf Jagd zu machen.

Mit dem Spielen im Freien war alles schön und gut, aber die Löwenjungen entwickelten auch eine Vorliebe für Bücher und Kissen. Um also unsere Bibliothek und unseren anderen Besitz zu retten, wurden wir schließlich gezwungen, sie aus dem Haus zu verbannen. Dazu machten wir eine schulterhohe Tür aus einem mit starkem Maschendraht bespannten Holzrahmen und stellten ihn vor den Zugang zur Veranda. Sie verübelten uns das sehr, und um sie für ihren verlorenen Spielplatz zu entschädigen, hängten wir einen Autoreifen an einen Baum, und das erwies sich als eine großartige Sache: man konnte daran herumkauen und ihn auch als Schaukel benützen. Als ein weiteres Spielzeug gaben wir ihnen ein leeres, hölzernes Honigfaß, das einen hallenden Ton gab, wenn es angestoßen wurde. Das Beste von allem aber war ein Jutesack. Wir füllten ihn mit alten Autoschläuchen und banden ihn an einen Ast, von dem er einladend herunterbaumelte. Daran war ein zweiter Strick befestigt, und wenn die Jungen an dem Sack hingen, zogen wir an dem Strick und schaukelten sie hoch durch die Luft. Je mehr wir lachten, um so größer war ihr Vergnügen an dem Spiel.

Keines dieser Spiele ließ sie jedoch vergessen, daß sich vor der Veranda immer eine Barriere befand, und sie kamen oft und rieben ihre weichen Nasen gegen den Draht.

An einem späten Nachmittag waren ein paar Freunde zu einem Drink gekommen, und angelockt von der fröhlichen Unterhaltung auf der Veranda, erschienen die Löwenjungen bald, benahmen sich an diesem Abend jedoch sehr diszipliniert. Sie rieben ihre Nasen nicht gegen den Draht. Alle drei hielten sich einen Fuß weit entfernt. Dieses musterhafte Verhalten erregte mein Mißtrauen, und ich stand auf, um die Ursache festzustellen. Zu meinem Entsetzen sah ich eine große, rote Speischlange zwischen den Löwenjungen und der Tür. Trotz der Anwesenheit der drei Löwen auf der einen und uns auf der anderen Seite, schlängelte sie sich entschlossen über die Verandastufen, und bis wir eine Schrotflinte geholt hatten, war sie verschwunden.

Doch keine Hindernisse, Kobras oder Verbote konnten Lustica dazu bringen, ihre Absicht aufzugeben, in das Haus zu kommen. Wiederholt versuchte sie es an allen Türen. Eine Klinke herunterzudrücken erwies sich als sehr leicht. Selbst mit Drehknöpfen wurde sie fertig. Erst als wir überall Riegel anbrachten, war sie geschlagen, und selbst dann erwischte ich sie einmal dabei, wie sie versuchte, den Riegel mit ihren Zähnen aufzuziehen. Ihre Absicht wurde zwar vereitelt, aber bei dieser Gelegenheit rächte sie sich an uns, indem sie die Wäsche von der Leine riß und mit ihr in den Busch davongaloppierte.

Mit drei Monaten waren die Zähne der Löwenjungen groß genug, daß sie Fleisch fressen konnten. Ich gab ihnen jetzt also rohes, gehacktes Fleisch, und das war das Beste, was wir tun konnten, um der vorverdauten Nahrung von ihrer Mutter nahezukommen. Ein paar Tage lang weigerten sie sich, es anzurühren, und zogen angewiderte Grimassen. Dann versuchte Lustica es und stellte fest, daß es schmeckte. Die anderen ließen sich dadurch ermutigen, und bald gab es bei jeder Mahlzeit Streit.

Das bedeutete, daß die arme Elsa, die immer noch schwächer als die anderen war, geringe Aussichten hatte, ihren gerechten Anteil zu bekommen. Darum bewahrte ich Leckerbissen für sie auf und nahm sie für ihre Mahlzeiten zu mir auf den Schoß. Das liebte sie. Sie rollte ihren Kopf von Seite zu Seite, schloß die Augen und zeigte, wie glücklich sie war. Bei diesen

Gelegenheiten saugte sie an meinem Daumen und massierte mit ihren Vorderpfoten meine Oberschenkel, als ob sie den Bauch ihrer Mutter knetete, um mehr Milch zu bekommen. Während dieser Stunden bildete sich das Band zwischen uns. Wir verbanden Spiel und Füttern, und ich verbrachte glückliche Tage mit diesen bezaubernden Geschöpfen. Sie waren von Natur aus träge, und es bedurfte großer Überredung, um sie dazu zu bringen, eine bequeme Stellung aufzugeben. Selbst der delikateste Markknochen konnte sie nicht dazu bringen, aufzustehen, und sie rollten sich in eine Stellung, von der aus sie dann am leichtesten darankamen.

Aber am liebsten hatten sie es, wenn ich ihnen ihren Knochen hielt und sie auf dem Rücken liegend, Pfoten in der Luft, daran saugen konnten.

Wenn die Jungen in den Busch gingen, erlebten sie oft Abenteuer. Eines Morgens folgte ich ihnen, denn ich hatte ihnen ein Wurmpulver gegeben und wollte die Ergebnisse sehen. Ich entdeckte sie ein Stück weit entfernt beim Schlafen. Plötzlich bemerkte ich einen Strom schwarzer Kampfameisen, der sich ihnen näherte. Tatsächlich krabbelten ein paar schon über ihre Körper. Da ich wußte, wie wild diese Ameisen alles angreifen, was ihnen in den Weg kommt, und die Kraft ihrer Kiefer kannte, wollte ich die Jungen gerade wecken, als die Ameisen ihre Richtung änderten.

Bald danach näherten sich fünf Esel, und die Jungen wachten auf. Es war das erste Mal, daß sie so große Tiere sahen, und ohne zu zögern, zeigten sie den sprichwörtlichen Mut der Löwen, denn sie griffen alle gleichzeitig die Esel an. Das Erlebnis stärkte ihr Selbstvertrauen so sehr, daß sie ein paar Tage später, als unsere vierzig Packesel und Maultiere nahe an das Haus kamen, die ganze Kavalkade furchtlos in die Flucht schlugen.

Mit fünf Monaten waren sie in ausgezeichneter Verfassung und wurden jeden Tag kräftiger. Außer nachts waren sie völlig frei. Dann schliefen sie in einem sandigen Gehege aus Felsen, das an ihre hölzerne Behausung grenzte. Das war eine notwendige Vorsichtsmaßnahme, denn häufig streiften wilde Löwen, Hyänen, Schakale und Elefanten um unser Haus herum, und jedes dieser Tiere hätte sie töten können.

Je besser wir die Jungen kennenlernten, um so mehr liebten wir sie, und es war hart für uns, uns mit der Tatsache abzufinden, daß wir nicht ständig drei schnell wachsende Löwinnen bei uns halten konnten. Voller Bedauern beschlossen wir, daß zwei fort mußten, und am besten die beiden großen, die ständig zusammen waren und weniger als Elsa von uns abhingen. Unsere afrikanischen Diener stimmten unserer Wahl zu. Als sie nach ihrer Meinung gefragt wurden, entschieden sie sich einstimmig für die Kleinste. Vielleicht wurde ihre Wahl durch Vorstellungen von der Zukunft und der Überlegung beeinflußt: »Wenn schon eine Löwin im Haus sein muß, dann am besten doch eine, die so klein ist wie nur möglich.«

Von Elsa glaubten wir, daß sie nicht nur für das Leben in Isiolo, sondern auch als Reisegefährtin auf unseren Safaris leicht zu dressieren sei, wenn sie nur uns als Freunde hatte. Als Heim für Lustica und die

Große wählten wir den Blydorp Zoo in Rotterdam und trafen Vorbereitungen für ihren Transport mit dem Flugzeug.

Da sie vom Flugplatz Nairobi abfliegen mußten, der hundertachtzig Meilen entfernt lag, entschlossen wir uns, sie langsam ans Autofahren zu gewöhnen und nahmen sie auf kurzen täglichen Fahrten in meinem Anderthalbtonner mit, der einen Aufbau aus Maschendraht hatte. Wir fingen auch an, sie darin zu füttern, um sie an den Lastwagen zu gewöhnen und um sie zu lehren, ihn als einen ihrer Spielplätze zu betrachten.

Am letzten Tag polsterten wir den Wagen mit weichen Sandsäcken.

Als wir abfuhren, lief Elsa ein kurzes Stück den Weg entlang hinterher, blieb dann mit einem tieftraurigen Ausdruck in den Augen stehen und sah dem Wagen nach, in dem ihre beiden Schwestern verschwanden. Ich fuhr hinten mit den beiden Jungen und hatte mich mit Verbandszeug ausgerüstet, da ich damit rechnete, während der langen Fahrt von ihnen gekratzt zu werden. Indessen beschämten sie mich für meine Vorsichtsmaßnahme, denn nach einer ruhelosen Stunde legten sich die Löwenjungen auf die Säcke neben mich und umarmten mich mit ihren Pranken. So fuhren wir elf Stunden lang, wobei wir noch durch zwei Reifenpannen aufgehalten wurden. Die Löwinnen konnten sich nicht vertrauensvoller verhalten. Als wir Nairobi erreichten, sahen sie mich mit ihren großen Augen an, ratlos, was sie von all den fremden Geräuschen und Gerüchen halten sollten. Dann trug sie das Flugzeug für immer von ihrem Geburtsland fort.

Nach ein paar Tagen erhielten wir ein Telegramm, das uns die sichere Ankunft unserer Jungen in Holland mitteilte. Als ich sie etwa drei Jahre später besuchte, betrachteten sie mich als eine freundliche Person und erlaubten mir, sie zu streicheln. Sie erkannten mich aber nicht wieder. Sie lebten unter ausgezeichneten Verhältnissen, und im ganzen war ich froh, als ich erkannte, daß sie sicherlich fast keine Erinnerung mehr an ein freieres Leben besaßen.

Zweites Kapitel

Elsa begegnet wilden Tieren

Während ich in Nairobi war, zeigte sich Elsa, wie mir George nachher erzählte, sehr verstört und wich keinen Augenblick von seiner Seite. Sie lief ihm überall nach, saß unter seinem Schreibtisch im Büro, wenn er dort arbeitete, und schlief in der Nacht auf seinem Bett. Jeden Abend nahm er sie mit auf einen Spaziergang, aber am Tag meiner Rückkehr weigerte sie sich, ihn zu begleiten, und setzte sich erwartungsvoll mitten auf den Fahrweg. Durch nichts war sie von der Stelle zu bewegen. Konnte es möglich sein, daß sie meine Rückkehr ahnte? Welchem tierischen Instinkt kann man diese Vorahnung zuordnen, wenn diese Annahme zutrifft? Ein derartiges Verhalten ist schwierig, wenn nicht gar unmöglich, zu erklären.

Als ich allein ankam, begrüßte sie mich aufgeregt, aber es war herzzerreißend zu sehen, wie sie überall nach ihren Schwestern suchte. Viele Tage lang spähte sie in den Busch hinaus und rief nach ihnen. Sie folgte uns überall hin. Offensichtlich fürchtete sie, auch wir könnten sie verlassen. Um sie zu beruhigen, nahmen wir sie in das Haus. Sie schlief auf unseren Betten, und oft wurden wir von ihr geweckt, wenn sie uns mit ihrer rauhen Zunge das Gesicht leckte.

Sobald wie möglich nahmen wir sie dann mit auf eine Safari, um diese Stimmung des Wartens und des Trauerns zu brechen, und zum Glück begeisterte sie sich für alles, was mit einer Safari zusammenhängt, und liebte sie ebensosehr wie wir.

Mein Lastwagen, der mit dem weichen Gepäck und dem Bettzeug beladen war, bildete eine ideale Reisegelegenheit für sie, denn aus bequemer Lage konnte sie alles um sich herum beobachten.

Wir lagerten an dem Fluß Uaso Nyiro, dessen Ufer von Doompalmen und Akazienbüschen gesäumt werden. In der trockenen Jahreszeit fließt sein seichtes Wasser langsam dem Lorian-Sumpf zu, passiert ein paar Schnellen und bildet viele tiefe Tümpel, die voll von Fischen sind.

In der Nähe unseres Lagers erstreckten sich felsige Höhenzüge. Elsa erforschte ihre Klüfte, und im allgemeinen endete es damit, daß sie sich oben auf einem Felsen niederließ, von wo sie den umliegenden Busch übersehen konnte. Am späten Nachmittag überzog die Sonne das Land mit einem Feuer warmer Farben, und dann fügte sie sich in das rötliche Gestein ein, als ob sie ein Teil davon wäre.

Diese Stunde war die schönste Zeit des Tages. Alles erholte sich nach der großen Hitze. Die Schatten wurden länger und nahmen ein tiefes Violett an, bis sich durch die schnell sinkende Sonne alle Einzelheiten verwischten. Das schwache Vogelzwitschern verstummte nach und nach, die Welt wurde still, alles lag in Spannung, wartete auf die Dunkelheit und damit auf das Erwachen des Busches. Dann gab das langgezogene Geheul der Hyänen das Signal, und die Jagd begann.

Ich erinnere mich insbesondere an einen Abend. Elsa hatte ich an einen Baum vor unseren Zelten festgebunden, und sie begann ihre Mahlzeit zu verzehren, während ich in der Dunkelheit saß und lauschte.

Pati hüpfte auf meinen Schoß, machte es sich bequem, mahlte mit ihren Zähnen, eine Gewohnheit, die sie angenommen hatte, um ihr Behagen zu zeigen. Nahe dem Fluß zirpte eine Zikade, das fließende Wasser spiegelte den aufgehenden Mond wider. In der milden Dunkelheit oben funkelten leuchtend die Sterne. Hier, in der nördlichen Grenzprovinz, erschienen sie mir doppelt so groß als anderswo. Dann hörte ich ein tiefes, vibrierendes Geräusch, wie von einem fernen Flugzeug. Es bedeutete, daß sich Elefanten auf dem Weg zum Fluß befanden. Glücklicherweise stand der Wind günstig für uns, und das Brummen hörte bald auf.

Plötzlich wurde das unverkennbare Grollen von Löwen hörbar, zuerst noch sehr weit entfernt, dann aber allmählich lauter und lauter. Was für einen Eindruck machte dies alles auf Elsa? Tatsächlich schien sie die Annäherung von ihresgleichen völlig unberührt zu lassen. Sie zerrte an ihrem Fleisch, kaute mit ihren Backenzähnen Brocken davon ab, rollte sich dann auf den Rücken, streckte alle vier Tatzen in die Luft und schlummerte ein, während ich dem Kichern der Hyänen, dem Jaulen der Schakale und dem machtvollen Chor der Löwen lauschte.

Während dieser Jahreszeit ist es sehr heiß. Darum

verbrachte Elsa einen Teil des Tages im Wasser. Wenn die Sonne ihr das dann zu unbehaglich machte, erholte sie sich im Schilf, rollte sich dazwischen gelegentlich träge in den Fluß und landete mit einem großen Aufspritzen im Wasser. Da wir wußten, daß es im Uaso Nyiro zahlreiche Krokodile gab, machte uns das natürlich etwas Sorgen, aber niemals kam ihr eins zu nahe.

Elsa steckte ständig voller Unsinn. Um uns an ihrem Vergnügen teilnehmen zu lassen, bespritzte sie uns immer, wenn wir nicht aufpaßten, oder sprang flink aus dem Wasser und stürzte sich, naß wie sie war, auf uns, und wir rollten unversehens mit unseren Kameras, Feldstechern und Gewehren im Sand und wurden von ihrem schweren, pitschnassen Körper zu Boden gedrückt. Ihre Pranken verwendete sie auf vielfache Weise. Sie konnte sanft damit streicheln, aber auch mit voller Wucht einen spielerischen, gutgezielten Klaps abgeben, und sie beherrschte einen kleinen Jiu-Jitsu-Trick, mit dem sie uns unweigerlich flach auf den Rücken warf. Auch wenn wir noch so sehr darauf gefaßt waren: sie drehte unsere Knöchel ein wenig mit ihrer Pranke, und wir fielen schlicht und einfach hin.

Elsa pflegte ihre Krallen mit großer Sorgfalt. Sie schärfte sie an bestimmten Bäumen mit rauher Rinde; sie kratzte eifrig, hinterließ tiefe Spuren in der Rinde, bis sie mit dem Ergebnis zufrieden war.*

Vor dem Laut eines Schusses fürchtete Elsa sich nicht und lernte bald, daß das ›Bumm‹ einen toten

* Wahrscheinlich kräftigte sie dadurch die Muskeln zum Einziehen der Krallen.

Vogel bedeutete. Sie liebte zu apportieren, besonders Perlhühner, deren Federn sie zerknackte, obwohl sie sehr selten ihr Fleisch und niemals die Federn fraß. Der erste Vogel gehörte immer ihr. Sie trug ihn stolz zwischen den Zähnen herum, bis ihr das zu lästig wurde. Dann legte sie ihn mir zu Füßen und sah mich an, als wolle sie sagen: »Trage ihn bitte für mich«, und solange er vor ihrer Nase baumelte, trottete sie dann gutgelaunt hinterher. Merkwürdigerweise waren ihr trotz ihrer Vorliebe für Perlhühner Frankolinen, Vögel, die den englischen Rebhühnern sehr ähneln, gleichgültig.

Jedesmal, wenn sie Elefantenlosung entdeckte, begann sie, sich sofort darin zu wälzen. Offensichtlich hielt sie das für ein ideales Badesalz. Sie umfaßte die großen Bälle und rieb damit fest ihr Fell, daß es den Geruch annahm. Auch Nashornlosung fand sie sehr anziehend. Tatsächlich mochte sie die Losung der meisten pflanzenfressenden Tiere, bevorzugte aber die der Dickhäuter. Wir wunderten uns oft über dieses Verhalten. Konnte es durch den Instinkt veranlaßt werden, ihren eigenen Geruch durch den der Tiere zu überdecken, die sie unter natürlichen Verhältnissen tötete und fraß? Die bei Hauskatzen und Hunden übliche Erscheinung, sich in Exkrementen zu wälzen, ist zweifellos eine degenerierte Form des gleichen Instinkts. Wir beobachteten nie, daß sie sich in der Losung fleischfressender Tiere wälzte.

Elsa achtete sehr sorgfältig darauf, ihre eigenen Ausscheidungen immer ein paar Meter entfernt von den Wildpfaden, über die wir im allgemeinen gingen, abzulegen.

Eines Nachmittags schoß Elsa, vom Geräusch von Elefanten angezogen, in den Busch davon. Bald darauf hörten wir lautes Trompeten und Schreien und auch das Gackern von Perlhühnern. In großer Aufregung warteten wir das Ergebnis der Begegnung ab. Nach einer Weile hörte der Lärm der Elefanten auf, aber wie zum Ausgleich stimmten die Perlhühner ein höchst alarmierendes Gegacker an. Dann tauchte zu unserer Überraschung Elsa aus einem Dickicht auf, dicht gefolgt von einer Schar rachsüchtiger Perlhühner, die entschlossen schienen, Elsa zu verjagen, denn jedesmal, wenn sie sich niederlassen wollte, kakelten und gackerten sie so wild, daß Elsa einfach weiter mußte. Erst nachdem die aufdringlichen Vögel uns bemerkten, ließen sie von ihr ab.

Während eines unserer Spaziergänge erstarrte Elsa plötzlich vor einem dicken Sansevieriagebüsch und zog sich dann mit einem hohen Sprung hastig zurück. Dabei sah sie uns mit einem Blick an, als wolle sie sagen: »Warum macht ihr nicht das gleiche wie ich?« In diesem Augenblick bemerkten wir zwischen den spitzen, messerscharfen Blättern der Sansevieria eine große Schlange. Sie war in dem undurchdringlichen Dickicht der Pflanze gut geschützt, und wir waren Elsa für ihre Warnung dankbar.

Als wir nach Isiolo zurückkehrten, hatte die Regenzeit begonnen. Das Land war von kleinen Wasserläufen und Tümpeln überzogen. Für Elsa erwies sich das als ein großer Spaß. Sie plantschte in jedem einzelnen und ging dazu über, uns stürmisch anzuspringen und mit dem zu bedecken, was sie offensichtlich für himmlischen Matsch hielt. Dieser Scherz ging denn doch zu weit. Wir mußten ihr beibringen, daß sie für solche übermütigen, wilden Sprünge viel zu schwer geworden war. Wir setzten ihr das durch den sparsamen Gebrauch eines kleinen Stockes auseinander. Sie verstand sofort und gab uns danach selten Anlaß, wieder zu diesem Mittel zu greifen, obwohl wir den Stock zur Ermahnung stets bei uns trugen. Inzwischen hatte Elsa auch die Bedeutung von ›nein‹ verstehen gelernt, und gehorchte sogar dann, wenn sie durch eine Antilope in Versuchung geführt wurde.

Es war oft rührend, zu beobachten, wie sie zwischen ihrem Jagdinstinkt und ihrem Wunsch, uns zu gefallen, hin- und hergerissen wurde. Alles, was sich bewegte, schien sie, wie die meisten Hunde auch, dazu herauszufordern, darauf Jagd zu machen. Allerdings war ihr Instinkt zu töten noch nicht voll entwickelt. Natürlich hatten wir vorsichtig vermieden, ihr ihr Ziegenfleisch jemals lebendig zu zeigen. Sie hatte reichlich Gelegenheit, wilde Tiere zu sehen, aber da wir im allgemeinen dann bei ihr waren, jagte sie sie lediglich als Spiel und kam immer nach kurzer Zeit zu uns zurück, rieb ihren Kopf gegen unsere Knie und erzählte uns mit leisem Miauen von ihrem Wild.

Um unser Haus lebten alle Arten von Tieren. Eine Herde Wasserböcke und Impala-Antilopen und etwa sechzig Netzgiraffen waren seit vielen Jahren unsere Nachbarn. Elsa begegnete ihnen auf jedem Spaziergang, und sie lernten Elsa sehr gut kennen und erlaubten ihr sogar, sie bis auf wenige Meter anzuschleichen, ehe sie sich ruhig von ihr abwandten. Eine Familie fledermausohriger Füchse gewöhnte sich so sehr an Elsa und uns, daß wir uns bis auf wenige Schritte dem Bau dieser scheuen Tiere nähern konnten, während sich die Jungen, von ihren Fuchseltern bewacht, im Sand vor dem Eingang zum Bau wälzten.

Auch Mungos machten Elsa viel Spaß. Die kleinen Geschöpfe, die nicht größer als Wiesel sind, leben in verlassenen Termitenhügeln, die ideale Festungen bilden, da sie aus betonhartem Lehm bestehen. Die Hügel sind bis zu acht Fuß hoch und von zahllosen Lüftungskanälen durchzogen und bieten deshalb auch während der heißen Tagesstunden einen kühlen Schutz. Um die Teezeit kamen diese Spaßmacher aus ihren Festungen heraus und suchten sich bis zum Einbruch der Dunkelheit ihre Nahrung aus Larven und Beeren. Dann kehrten sie in ihre Behausungen zurück. Das war die Stunde, zu der uns unsere Spaziergänge oft an ihnen vorbeiführten. Elsa setzte sich völlig ruhig vor einen der Termitenhügel und belagerte die Mungos. Anscheinend fand sie es sehr befriedigend, zu sehen, wie die kleinen Clowns ihre Köpfe aus den Luftschächten schoben, nur um einen scharfen Alarmpfiff auszustoßen und wie Schatten zu verschwinden.

Zwar war es ein Vergnügen für sie, die Mungos zu ärgern, die Paviane aber reizten sie zur Wut. Sie bewohnten einen leopardensicheren Schlafplatz auf einer nackten Klippe in der Nähe unseres Hauses. Dort verbrachten sie die Nacht in Sicherheit und klammerten sich an die winzigsten Felsvorsprünge. Vor Sonnenuntergang zogen sie sich immer zu diesem

Zufluchtsort zurück, und die Klippe erschien dann von schwarzen Flecken übersät. Aus ihrer sicheren Stellung bellten und kreischten sie Elsa an, die nichts unternehmen konnte, um die Beschimpfungen zu vergelten.

Eine aufregende Stunde erlebten wir, als die junge Löwin zum erstenmal einem Elefanten begegnete. Aber es war auch eine beängstigende, denn die arme Elsa hatte keine Mutter, die sie vor diesen Tieren warnte, die Löwen als die einzigen Feinde ihrer Jungen betrachten und sie deshalb manchmal töten. Eines Tages kam Nuru, der sie auf ihren Morgenspaziergang geführt hatte, keuchend nach Hause und berichtete, daß Elsa »mit einem Elefanten spiele«. Wir nahmen unsere Gewehre, und er führte uns zum Schauplatz. Dort fanden wir einen großen, alten Elefanten, der, den Kopf in einem Busch vergraben, sein Frühstück genoß. Plötzlich führte Elsa, die von hinten an ihn herangeschlichen war, einen spielerischen Schlag nach einem seiner Hinterbeine. Mit einem Schrei unwilliger Überraschung und beleidigter Würde beantwortete der Elefant diese Unverschämtheit. Er ließ von dem Busch ab und griff an. Elsa sprang flink zur Seite und begann ihn dann völlig unbeeindruckt wieder anzuschleichen. Es war ein sehr komischer, aber auch beängstigender Anblick, und wir konnten nur hoffen, daß wir von unseren Gewehren keinen Gebrauch machen mußten. Zum Glück wurde beiden das Spiel bald zu langweilig. Der Elefant begab sich wieder an sein Frühstück, und Elsa legte sich ganz in der Nähe hin, um zu schlafen.

Während der nächsten paar Monate nahm das Löwenjunge jede Gelegenheit wahr, um Elefanten zu belästigen, und Gelegenheiten dazu gab es viele, denn die Elefantensaison begann und mit ihr die jährliche Invasion von Herden, die sich auf mehrere hundert Tiere beliefen. Die großen Tiere schienen mit der Geographie von Isiolo sehr vertraut zu sein und suchten immer die Stellen auf, wo der beste Mais und der beste Rosenkohl wuchs. Davon abgesehen, und trotz der dichten afrikanischen Bevölkerung und des Autoverkehrs, benahmen sie sich sehr manierlich und verursachten wenig Schwierigkeiten. Da unser Haus, das drei Meilen von Isiolo entfernt liegt, vom besten Weideland umgeben ist, wurden wir von zahlreichen Eindringlingen besucht, und ein alter Schießstand vor dem Haus war ihr Lieblingstummelplatz geworden. Zu dieser Jahreszeit müssen wir deswegen sehr vorsichtig bei unseren Spaziergängen sein, denn kleine Gruppen Elefanten treiben sich dann immer herum, und da wir jetzt nicht nur uns, sondern auch Elsa zu schützen hatten, waren wir noch aufmerksamer.

Eines Tages gegen Mittag kehrten Nuru und Elsa, von einer großen Zahl Elefanten gefolgt, nach Hause zurück. Aus unserem Eßzimmerfenster konnten wir sie im Busch sehen. Wir versuchten Elsas Aufmerksamkeit auf uns zu lenken, aber sie hatte sich schon umgedreht und war entschlossen, der näherkommenden Herde entgegenzutreten. Dann setzte sie sich plötzlich und beobachtete, wie die Elefanten abdrehten und im Gänsemarsch über den Schießstand davonmarschierten. Es war eine großartige Parade, wie einer nach dem anderen vor dem Busch auftauchte, in dem Elsa zusammengeduckt saß, und sie ihre Witterung aufnehmen ließ. Sie wartete, bis der letzte der etwa zwanzig Elefanten an ihr vorbeigezogen war, folgte ihnen dann langsam, den Kopf auf der Höhe ihrer Schultern vorgereckt, den Schwanz ausgestreckt. Plötzlich wandte sich der große Bulle, der die Nachhut bildete, um, riß seinen massiven Kopf gegen Elsa hoch und stieß einen schrillen Trompetenstoß aus. Dieser Kriegsschrei schüchterte sie nicht ein, und sie ging entschlossen weiter. Das tat auch der große Elefant. Wir eilten hinaus und folgten ihnen vorsichtig, erwischten hin und wieder einen flüchtigen Blick von Elsa und den Elefanten, die sich im Unterholz zusammenrotteten. Weder ein Schrei noch das Geräusch brechender Zweige, was auf Gefahr hingewiesen hätte, war zu hören. Trotzdem warteten wir ängstlich, bis unser Löwenjunges schließlich wieder auftauchte und über die ganze Geschichte ein ziemlich gelangweiltes Gesicht zeigte.

Aber nicht alle Elefanten, denen Elsa begegnete, benahmen sich so friedfertig. Bei einer anderen Gelegenheit gelang es ihr, eine riesige Panik unter den Tieren auszulösen. Das erste, was wir davon hörten, war ein ungeheures Gedonner auf der Schießbahn, und als wir den Schauplatz erreichten, sahen wir eine Herde Elefanten bergab rasen und Elsa dicht hinter ihnen her. Schließlich wurde sie von einem einzelnen Bullen angegriffen. Sie war aber viel zu schnell für ihn, und er gab seine Attacken schließlich auf und folgte seinen Gefährten.

Auch Giraffen machten ihr großes Vergnügen. Eines Nachmittags, als wir mit ihr unterwegs waren, ließ sie sich mit fünfzig von ihnen ein. Ihren Körper dicht an den Boden gedrückt und vor Aufregung zitternd, schlich sie sich an, näherte sich ihnen Schritt für Schritt. Die Giraffen waren nicht weiter beeindruckt, sondern standen nur da und beobachteten sie ungerührt. Sie sah die Giraffen an, dann zu uns zurück, als wolle sie sagen: »Warum steht ihr wie Zaunpfähle da und verderbt mir meine Jagd?« Schließlich wurde sie wirklich ärgerlich, stürzte sich mit vollem Schwung auf mich und warf mich flach zu Boden.

Gegen Sonnenuntergang stießen wir auf eine Herde Elefanten. Das Licht schwand schnell, und wir konnten gerade noch die Umrisse der Elefanten rings um uns herum erkennen.

Es schien mir immer wie ein Wunder, daß diese riesigen Tiere sich geräuschlos durch den Busch bewegen können und dadurch in der Lage sind, einen ohne Warnung zu umzingeln. Dieses Mal bestand kein Zweifel, daß sie uns eingeschlossen hatten. Wo wir uns auch nach einer Lücke umsahen, um hindurchzuschlüpfen, überall blockierte ein Elefant uns den Weg. Wir versuchten, Elsas Aufmerksamkeit zu fesseln, denn die Situation war nicht gerade geeignet, sie eines ihrer Spielchen mit den Riesen beginnen zu lassen. Aber nur zu bald entdeckte sie sie und sprang mitten zwischen sie hinein. Danach war sie nicht mehr zu halten. Wir hörten das Trompeten der Dickhäuter und ihre schrillen, durchdringenden Schreie. Meine Nerven waren zum Reißen gespannt, denn wie vorsichtig wir uns auch durch den dunklen Busch weiterbewegten, immer stießen wir auf einen Elefanten. Endlich gelang es uns doch, einen Weg herauszufinden und nach Hause zu kommen. Aber natürlich ohne Elsa! Sie traf erst viel später ein. Anscheinend hatte sie sich ausgezeichnet unterhalten und verstand zweifellos nicht, weshalb ich ein nervöses Wrack war.

Unser Fahrweg ist von einer Euphorbienhecke eingefaßt. Kein gewöhnliches Tier wird sie durchbrechen, weil ihr Saft scharf ätzend wirkt. Wenn der kleinste Tropfen davon ins Auge kommt, brennt es sehr schmerzhaft und ist tagelang entzündet. Deshalb machen auch alle Tiere einen weiten Umweg um die Hecke, außer Elefanten, die die saftigen Zweige der Pflanze gern fressen und nach einer nächtlichen Mahlzeit große Lücken in der Hecke hinterlassen.

Einmal, als ich Elsa in ihrem Gehege fütterte, hörte ich das unverkennbare Geräusch von Elefanten hinter dieser Hecke, die Elsas hölzerne Behausung umschließt. Und tatsächlich standen fünf der Riesen geräuschvoll malmend da und fraßen von der einzigen Barriere, die sich zwischen uns und ihnen befand. Dabei bot die Hecke zu der Zeit, über die ich hier berichte, dank der Vorliebe der Dickhäuter für sie ohnehin schon einen dürftigen Anblick.

Zur Belebung von Elsas Dasein trug jetzt auch ein Nashorn bei, das nahe unserem Haus lebte. Eines Abends bei Dunkelheit, als wir von einem Spaziergang zurückkamen, stürmte die junge Löwin plötzlich hinter die Hütten der Dienerschaft. Ein schrecklicher Tumult setzte ein. Wir liefen hin, um festzustellen, was es gebe, und sahen Elsa und das Nashorn, die einander gegenüberstanden. Nach ein paar unentschlossenen Augenblicken schnaubte das Nashorn wütend, zog sich zurück und wurde von dem Löwenjungen wild verfolgt.

Am folgenden Abend ging ich mit Elsa und Nuru spazieren. Wir hatten uns verspätet, und es begann bereits dunkel zu werden, als der Somali mich plötzlich an der Schulter packte und davon abhielt, direkt in das Nashorn hineinzulaufen, das uns zugewendet hinter einem Busch stand. Ich sprang zurück und rannte. Glücklicherweise glaubte Elsa, die das Nashorn nicht bemerkt hatte, ich spiele ein Spiel, und folgte mir. Das war ein Glück, denn Nashörner sind unberechenbare Geschöpfe, die es fertig bringen, alles anzugreifen, einschließlich Lastwagen und Zügen. Dafür kam Elsa am nächsten Tag zu ihrem Vergnügen. Sie hetzte das Tier zwei Meilen weit durch das Tal, während Nuru treu ergeben hinter ihr herkeuchte. Nach diesem Erlebnis zog sich das Nashorn in ruhigere Gefilde zurück.

Inzwischen hatte sich für Elsas Leben ein fester Tagesablauf entwickelt. Morgens war es kühl. Um diese Tageszeit beobachteten wir häufig die anmutigen Sprünge der Impala-Antilopen auf der Schießbahn und lauschten dem Chor der erwachenden Vögel. Sobald es hell wurde, ließ Nuru Elsa frei, und beide gingen ein kurzes Stück in den Busch. Das Löwenjunge, voller unverbrauchter Energie, jagte alles, was es finden konnte, einschließlich seines eigenen Schwanzes.

Als die Sonne dann heiß wurde, ließen sie und Nuru sich unter einem schattenspendenden Baum nieder, und Elsa schlummerte, während er seinen Koran las und Tee schlürfte. Nuru trug immer ein Gewehr zum Schutz für sich und Elsa gegen wilde Tiere bei sich. Er erwies sich aber als sehr gewissenhaft in der Befolgung unserer Anweisung, zu schreien, ehe er schoß. Nuru war Elsa aufrichtig zugetan und behandelte sie sehr gut.

Um die Teezeit kehrten die beiden zurück, und wir übernahmen Elsa. Zuerst bekam sie etwas Milch, dann wanderten wir in die Hügel hinauf oder in die Ebene hinein. Sie kletterte auf Bäume, wetzte scheinbar ihre Krallen, folgte erregenden Gerüchen oder beschlich Grantgazellen und Giraffengazellen, die manchmal Versteck mit ihr spielten. Zu unserer großen Überraschung fand sie Schildkröten faszinierend und wälzte sie um und um. Sie spielte sehr gerne und versäumte nie eine Gelegenheit, mit uns ein Spiel anzufangen. Wir waren ihr ›Rudel‹, und sie teilte alles mit uns.

Bei Einbruch der Dunkelheit kehrten wir nach Hause zurück und brachten sie in ihr Gehege, wo ihre Abendmahlzeit auf sie wartete. Sie bestand aus großen Mengen rohen Fleisches, meistens Schaf und Ziege. Ihr Rauhfutter bekam sie durch Zermalmen der Rippen und Knorpel. Während ich ihr die Knochen hielt, beobachtete ich das kräftige Spiel der Muskeln auf ihrer Stirn. Ich mußte ihr immer das Mark herauskratzen. Sie leckte es mir begierig von den Fingern, stützte ihren schweren Körper in aufrechter

Haltung auf meinen Armen. Inzwischen saß Pati auf der Fensterbank und beobachtete uns zufrieden, denn sie wußte, daß sie bald an der Reihe war und die Nacht um meinen Hals geschmiegt verbringen durfte und mich für sich allein haben würde.

Bis dahin saß ich bei Elsa, spielte mit ihr, zeichnete sie oder las. Diese Abende waren unsere intimsten Stunden, und ich glaube, daß ihre Liebe zu uns zum größten Teil während dieser Stunden entstand, wenn sie gefüttert und zufrieden, meinen Daumen noch in ihrem Maul, vor sich dahindämmern konnte. Nur in Mondnächten wurde sie ruhelos. Dann tapste sie an dem Drahtzaun entlang, lauschte gespannt, mit vibrierenden Nüstern, um auch noch den schwächsten Geruch aufzunehmen, der ihr vielleicht eine Botschaft aus der geheimnisvollen Nacht da draußen bringen konnte. Wenn sie nervös war, wurden ihre Pranken feucht, und ich konnte ihre Gemütsverfassung oft dadurch beurteilen, daß ich sie in meine Hände nahm.

Drittes Kapitel

Reise zum Indischen Ozean

Elsa war jetzt ein Jahr alt. Sie hatte den Zahnwechsel hinter sich und mir erlaubt, ihr einen wackelnden Milch-Eckzahn zu entfernen, wobei sie geduldig den Kopf ganz ruhig hielt. Um ihr Fleisch zu zerkleinern, benutzte sie gewöhnlich ihre Backenzähne und nicht ihre Schneidezähne, aber um es von den Knochen abzuschaben, benutzte sie ihre sehr rauhe Zunge, die von winzigen Stacheln bedeckt war. Ihr Speichel floß reichlich und war sehr salzig.

Pati wurde jetzt alt, und ich hielt sie so ruhig, wie ich nur konnte.

Unser Urlaub in Afrika war fällig, und wir planten, ihn an der See zu verbringen, an einem abgelegenen Teil der Küste, dicht bei einem kleinen Fischerdorf der Barjun und nicht weit von der somalischen Grenze entfernt.

Die nächsten Weißen lebten neunzig Meilen südlich in Lamu. Der Platz war für Elsa ideal, denn wir konnten am Strand unser Lager aufschlagen, von Menschen entfernt, meilenweit um uns reinen Sand und ein mit Büschen bewachsenes Hinterland, das uns Schatten bot.

Zwei Freunde begleiteten uns. Der eine war ein junger Verwaltungsbeamter namens Don, der andere, Herbert, ein österreichischer Schriftsteller, der unser Gast war.

Es war eine lange Reise durch unwegsames Gelände, für die wir drei Tage brauchten. Meistens fuhr ich mit Elsa in meinem Lastwagen voraus. George und die anderen folgten uns mit Pati in zwei Landrovers. Die Gegend, durch die wir fuhren, war trocken, sandig und heiß.

An einem Tag kreuzte unser Weg ein Netz von Kamelspuren. Als es dunkel wurde, verfuhr ich mich, mein Benzin ging aus, und in der Hoffnung, daß George meiner Fahrspur folgen würde, wartete ich auf ihn.

Erst nach ein paar Stunden sah ich seine Lichter. Als er mich erreichte, sagte er, daß unser Lager schon ein paar Meilen weit entfernt aufgeschlagen sei und wir uns beeilen müßten, weil Pati einen schweren Hitzschlag erlitten habe.

Er hatte ihr etwas Kognak eingeflößt, um sie zu stärken, hatte aber nur wenig Hoffnung. Die Meilen zum Lager zurück erschienen mir endlos. Ich fand Pati im Koma vor. Ihr Herz schlug so schnell, daß es unwahrscheinlich erschien, ob es die Belastung noch lange durchhalten könne. Nach und nach kam sie etwas zu Bewußtsein. Sie erkannte mich und machte einen schwächlichen Versuch, mit den Zähnen zu knirschen. Das war immer ihre Art gewesen, mir ihre Zuneigung zu zeigen. Es war ihre letzte Mitteilung an mich. Später wurde sie still, und ihr Herzschlag verlangsamte sich, bis er fast ganz aufhörte. Dann zuckte ihr kleiner Körper plötzlich in einem letzten Krampf auf, streckte sich steif und wurde schlaff.

Pati war tot.

Ich drückte sie fest an mich. Es dauerte lange, bis ihr kleiner Körper kalt wurde.

Ich dachte an die vielen glücklichen Augenblicke, die sie mir in den siebeneinhalb Jahren, die sie mit uns zusammenlebte, geschenkt hatte. Auf wie vielen Safaris hatte sie mich begleitet. Sie war mit mir am Rudolfsee gewesen, wo ihr die Hitze sehr zugesetzt hatte; an der Küste, wo sie viele Stunden zusammengekauert auf einer Dau verbracht hatte; am Mount Kenia, dessen Moore sie liebte; im Sugutatal und am Mount Nyiro, wo sie sich klug an das Maultier geklammert hatte, auf dem ich über halsbrecherische Pfade ritt. Sie hatte mich in allen Lagern in ganz Kenia begleitet, als ich die afrikanischen Stämme malte. Manchmal war sie monatelang meine einzige Freundin gewesen.

Wie duldsam hatte sie sich gegenüber den Jungtieren aus dem Busch, den Eichhörnchen und Mungos, die in unserem Haushalt auftauchten und wieder verschwanden, verhalten, und wie hatte sie die jungen Löwinnen geliebt. Bei den Mahlzeiten hatte sie neben meinem Teller gesessen und behutsam die Leckerbissen aus meiner Hand genommen.

Sie war ein Teil meiner Selbst gewesen.

Nun hüllte ich sie in ein Tuch, schlang ihr Halsband und ihre Leine darum, und trug sie ein Stück weit vom Lagerplatz fort. Dort grub ich ihr Grab. Die Nacht war heiß, und das Mondlicht milderte die Schatten in der weiten Ebene um uns. Alles war still und so friedlich.

Am nächsten Morgen fuhren wir weiter, und ich war froh, daß die schlechte Straße meine Aufmerksamkeit ganz beanspruchte.

Es war spät am Nachmittag, als wir die Küste erreichten, und Fischer, die uns begrüßen kamen, sagten uns, daß ein Löwe ihnen großen Schaden zufüge. Fast jede Nacht überfalle er ihre Ziegen, und sie hofften sehr, daß George ihn töten würde.

Wir hatten keine Zeit, ein richtiges Lager aufzuschlagen, und stellten deshalb unsere Betten im Freien auf. Ich war die einzige Frau unter vier Europäern und sechs Afrikanern und stellte meines etwas abseits. Elsa wurde in meinem Lastwagen neben mir eingesperrt. Bald schliefen alle außer mir. Plötzlich hörte ich ein schleifendes Geräusch und knipste meine Taschenlampe an. Ein paar Meter von meinem Bett entfernt sah ich einen Löwen mit der Haut des Antilopenbockes im Maul, den wir am Nachmittag geschossen hatten.

Eine Sekunde lang überlegte ich, ob es Elsa sein könne, aber dann sah ich sie hinten auf meinem Wagen. Ich blickte wieder hin. Der Löwe sah noch zu mir herüber und knurrte jetzt.

Ich näherte mich langsam George und wandte dann dummerweise dem Löwen den Rücken zu. Wir waren nur ein paar Schritte voneinander entfernt, und ich spürte, daß er mir folgte. Darum drehte ich mich um und leuchtete ihm mit meiner Taschenlampe ins Gesicht. Inzwischen trennten uns nur noch etwa sieben Meter. Rückwärts tastete ich mich auf die Feldbetten zu, auf denen die Männer schnarchten. Nur

George wachte auf. Als ich ihm sagte, daß mir ein Löwe folge, antwortete er: »Unsinn, wahrscheinlich ist es eine Hyäne oder ein Leopard.« Trotzdem nahm er seine schwere Büchse und ging in die Richtung, in die ich deutete, und tatsächlich sah er bald zwei Augen vor sich und hörte das Knurren eines Löwen. Er bezweifelte kaum, daß er den räuberischen Löwen vor sich hatte, von dem uns berichtet worden war. Darum band er ein großes Stück Fleisch an einen Baum dreißig Meter vor dem Wagen fest und entschloß sich, dort sitzen zu bleiben und auf ihn zu warten.

Nach kurzer Zeit hörten wir Geklapper hinter den Wagen, wo unser Abendessen gekocht worden war.

George schlich hin, hielt sein Gewehr schußbereit und leuchtete mit seiner Taschenlampe. Er sah den Löwen zwischen den Töpfen und Pfannen sitzen und den Rest unseres Abendessens verschlingen. Er drückte ab, aber es erklang nur ein Knacken, er drückte noch einmal ab, mit dem gleichen Ergebnis. Er hatte vergessen, die Büchse zu laden. Der Löwe erhob sich und trottete gelassen davon. Mit dummem Gesicht lud George das Gewehr und kehrte auf seinen Posten zurück.

Viel später hörte er etwas an dem Fleisch zerren und schaltete die Scheinwerfer an. In dem hellen Licht sah er den Löwen vor sich und schoß ihn durchs Herz.

Es war ein junger mähnenloser Löwe, wie er für das Küstengebiet typisch ist.

Als der Tag anbrach, untersuchten wir seine Fußspuren und stellten fest, daß er sich zuerst der Haut der Antilope bemächtigt, sie dann bis auf zwanzig Meter an mein Bett herangeschleift hatte, wo er sein Mahl verzehrte. Als er sich gesättigt hatte, begab er sich auf eine lässige Inspektionstour durch das Lager. Bei all diesen Vorgängen war Elsa eine interessierte Zuschauerin gewesen, hatte aber nicht einen Laut von sich gegeben.

Sobald die Sonne hoch war, marschierte das ganze Lager zum Wasser hinunter, um Elsa mit dem Indischen Ozean bekanntzumachen. Zunächst machte sie das ungewohnte Brausen der Wellen nervös. Dann schnüffelte sie vorsichtig an dem Wasser, biß nach dem Schaum und streckte schließlich ihren Kopf vor, um zu trinken, aber bei dem ersten Maulvoll Salzwasser rümpfte sie die Nase und schnitt eine angewiderte Grimasse. Als sie jedoch sah, wie alle anderen das Bad genossen, entschloß sie sich, uns zu vertrauen und sich unserem Vergnügen anzuschließen. Sehr bald wurde sie zu einer regelrechten Wasserratte. Regenpfützen und seichte Flüsse hatten sie schon immer aufgeregt und angelockt, aber dieser große Ozean war der wahre Himmel für sie. Sie schwamm mühelos weit über den Bereich hinaus, in dem sie Grund unter den Füßen hatte, tauchte unter uns, spritzte mit ihrem Schwanz Wasser hoch und vergewisserte sich, daß wir Salzwasser schluckten, ehe sie von ihren Possen abließ.

Sie folgte uns überall hin, so daß ich meistens zurückblieb, wenn die anderen Fischen gingen, sonst wäre sie hinter unserem Boot hergeschwommen.

Das Riff an dieser Stelle war der beste Fanggrund für Korallenfische an der ganzen Keniaküste. Mit Fischspeeren und Taucherbrillen ausgerüstet, tauchten wir in diese faszinierende Welt. Manche der Korallen hatten die Form von Pagoden, andere sahen wie Gehirne von Riesen aus, während wieder andere sich wie Pilze ausbreiteten, mit purpurnen Rosetten besetzt oder von smaragdgrünen Spalten durchzogen. Vorhänge aus leuchtend gefärbtem Seetang, in deren Falten sich Schwärme winziger Fische verbargen, schwankten mit der Wasserströmung. Wir schwammen durch tiefe Täler, die oft in Höhlen führten, und spähten in dämmerige Tunnels, aus deren Tiefen Korallenfische neugierig auftauchten und durch unsere riesigen Körper vor Rätsel gestellt wurden. Für ihre Überraschung gab es einen guten Grund, denn unter Wasser erscheint alles in doppelter natürlicher Größe.

Wir sahen Fische, die im Schwimmen rotgestreiften Stachelschweinen ähnelten, deren Stacheln zu gefiederten Schwingen verwandelt worden waren, während sie wie Schmetterlinge dicht über einer Koralle schwebten. Manche ähnelten goldenen, von blauen Flecken bedeckten Dosen und hatten rinderartige Hörner über den Augen. Andere waren von tiefstem Blau, erinnerten an den Ozean und trugen gelbe Umrisse Afrikas auf ihren flachen Seiten. Wieder andere sahen wie bunte Schachbretter aus, manche wie Zebras, manche hatten Masken und schleppten ihre langen Flossen wie wehende Schleier hinter sich her. Manche waren aufgebläht wie Ballons und starrten vor Stacheln wie Igel in der Abwehr. Manche richteten im Schreck zollange Messer hinter der Rückenflosse auf. Andere ruhten flach auf dem Grund wie riesige Seezungen, gut getarnt vor dem treibenden Sand. Vergrabene Muscheln gab es, ihre aufgesperrten Schalen tödliche Fallen, die gerade aus dem Grund hervorragten. Die tödlichen Steinfische, deren Puffotterzeichnung von leuchtend roten Fransen verdeckt war, standen regungslos vor den Korallenfelsen, und nur ihre bernsteinfarbenen Augen, die jeder Bewegung folgten, verrieten ihre Anwesenheit.

Ferner gab es Krebse in ihren scharfzackigen Panzern. Wie bedrohlich sie auch aussahen, sie waren noch am leichtesten zu erlegen. Halb unter Felsen verborgen, warteten sie dumm, bis der Fischspeer ihren Panzer zwischen den Augen durchdrang. Ihre langen, dünnen Fühler tasteten wachsam, warnten sie aber selten rechtzeitig genug, um zu entkommen. Die Seeanemonen, die uns wie eine Masse schöner Blumen erschienen, waren für kleinere Lebewesen, die zwischen ihre sich schnell bewegenden Fangarme gerieten, tödlich. Die giftigen Flossenstrahlen waren zum Glück immer schneller als wir und schossen lange davon, ehe wir ihre blaugefleckten, im Sand verborgenen Umrisse erkennen konnten.

Während wir fasziniert durch diese Welt leuchtender, irisierender Farben und märchenhafter Formen glitten, ruhte Elsa zusammen mit jemand, der ihr Gesellschaft leistete, im Schatten einer Mangrove nahe dem Lager. Als die vorbeiziehenden Fischer das erfuhren, machten sie große Umwege, schürzten ihre

Lendentücher und wateten in die See hinaus. Wenn sie gewußt hätten, was für ein amphibisches Wesen Elsa war, würden sie sich dabei weniger sicher gefühlt haben.

Sie liebte es, am Strand entlangzuwandern, wo sie nach den auf der Brandung tanzenden Kokosnüssen jagte und dabei naßgespritzt und von den Wellen überspült wurde. Manchmal banden wir eine Kokosnuß an einen Strick und schwangen sie im Kreise über unserem Kopf, während sie danach sprang, wenn sie an ihr vorbeiflog. Bald entdeckte sie, daß es ein höchst lohnendes Spiel war, im Sand zu graben, denn je tiefer das Loch wurde, um so feuchter und kühler und um so angenehmer war es, sich darin zu wälzen. Oft schleppte sie lange Strähnen von Seetang hinter sich her, verwirrte sich darin, bis sie selbst wie ein seltsames Seeungeheuer aussah. Den größten Spaß hatte sie aber mit den Krabben. Gegen Sonnenuntergang wimmelte der Strand von diesen kleinen rosa Geschöpfen, die seitwärts liefen, um von ihren Löchern aus das Wasser zu erreichen, nur um einen Augenblick später wieder an Land hinaufgespült zu werden. Hartnäckig liefen sie wieder los, um wieder zurückgeschleudert zu werden, bis ihre Geduld schließlich belohnt wurde und sie ein Stück köstlichen Seetangs packen und in ihre Höhle ziehen konnten, ehe die nächste Welle es wieder davontrug. Elsa machte den geschäftigen Geschöpfen das Leben nicht leichter. Sie sprang von einer Krabbe zur anderen und wurde unvermeidlich in die Nase gezwickt, aber unentwegt sprang sie wieder zu, nur um wieder gezwickt zu werden. Zum Lob der Krabben muß gesagt werden, daß sie von allen Gegnern Elsas, einschließlich der Elefanten, Büffel und Rhinozerosse, die einzigen waren, die ihr standhielten. Nach der Seite startbereit warteten sie vor ihren Löchern, eine rosa Schere erhoben, und wie raffiniert Elsa sie auch zu überlisten versuchte, die Krabbe war immer schneller als sie, und wieder wurde sie in ihre weiche Nase gezwickt.

Elsas Ernährung entwickelte sich zu einem Problem, denn die ansässigen Fischer erkannten schnell, welche Einkommensquelle sie darstellte, und die Preise für Ziegen stiegen himmelhoch. Tatsächlich verschaffte sie den Dorfbewohnern einen ihnen bisher unbekannten Luxus. Indessen kam sie schließlich doch zu ihrer Revanche. Die Hirten bewachten ihre Tiere nie. Sie ließen sie den ganzen Tag umherstreifen, so daß sie für Leoparden und Löwen eine leichte Beute waren. Eines Abends, lange nach der Schlafenszeit für die Ziegen, waren wir draußen am Strand, als Elsa plötzlich in den Busch davonschoß. Darauf folgte ein lautes Meckern und dann Stille. Sie mußte eine einsame Herumstreicherin gewittert, die Ziege angesprungen und mit ihrem Gewicht zu Boden geworfen haben. Da sie aber noch nie eine Beute getötet hatte, wußte sie nicht, was sie als nächstes anfangen sollte, und bat uns, als wir dazukamen, offenkundig um Hilfe. Während Elsa das Tier festhielt, schoß George es schnell tot. Da kein Besitzer eine Beschwerde über seinen Verlust vorbrachte, weil er ihn ohne jeden Zweifel als den üblichen Tribut einem wilden Löwen zuschrieb, schwiegen wir über den Zwischenfall.

Andernfalls wäre einen Tagesmarsch weit im Umkreis jede dem Tode nahe Ziege als Beute für Elsa ausgesetzt worden, und ihre Besitzer hätten Schadenersatz dafür beansprucht. Wir überwanden unsere Gewissensbisse bei dem Gedanken daran, daß George das Gebiet von seinem größten Ziegenfeind befreit hatte, und auch an die ungeheuerlichen Preise, die wir für die elendsten kleinen Tiere zur Ernährung Elsas bezahlt hatten.

Gegen Ende unseres Urlaubs erkrankte George an einem Malariaanfall. Er wollte aber trotzdem unbedingt fischen, nahm deshalb eine viel zu hohe Dosis Mepacrine ein und stand dann auch noch auf, ehe er eigentlich durfte, nur, um wieder zum Tauchen zu gehen.

Als ich eines Abends von einem Spaziergang mit Elsa am Strand entlang zurückkam und mich dem Lager näherte, hörte ich ein alarmierendes Brüllen und Schreien. Nachdem ich Elsa auf meinem Lastwagen eingesperrt hatte, eilte ich zu dem Zelt, wo ich George schlaff in einem Stuhl zusammengesunken fand. Er stöhnte fürchterlich, schrie nach seinem Revolver und nach mir, verfluchte Elsa und drohte, daß er sich erschießen wolle. Selbst in seinem Zustand halber Bewußtlosigkeit erkannte er mich, packte mich mit eisernem Griff und sagte, daß er jetzt, nachdem ich da sei, seine Ruhe finden und sterben könne. Ich war aufs höchste beunruhigt. Die Boys standen ein paar Schritte entfernt und waren völlig verstört. Unser Freund stand hilflos daneben, einen Knüppel in der Hand, mit dem er George niederzuschlagen beabsichtigte, falls er gewalttätig werden sollte.

Flüsternd berichteten sie mir, daß George ganz plötzlich heftig zu gestikulieren begonnen, nach mir geschrien und seinen Revolver verlangt habe, um sich zu erschießen. Glücklicherweise war ich bald, nachdem der Anfall einsetzte, zurückgekehrt. Die Hauptsache war jetzt, ihn in sein Bett zu schaffen und zu versuchen, ihn zu beruhigen. Leblos und eiskalt hing er in unseren Armen, als wir ihn hinübertrugen.

Obwohl mir das Herz schwer vor Furcht war, begann ich mit ruhiger Stimme auf ihn einzureden, erzählte ihm von unserem Spaziergang am Strand, von dem Fisch, den wir am Abend essen würden, von einer Muschel, die ich gefunden hatte, und scherzte über sein seltsames Betragen. Aber die ganze Zeit fragte ich mich bang, ob er sterben würde. Wie ein Kind reagierte er auf meine Bemühungen, ihn zu besänftigen, und beruhigte sich. Aber seine Schläfen wurden grau, seine Nasenflügel sanken ein, und er schloß die Augen. Er flüsterte, daß ein eisiger Strom ihm die Beine hinauf zum Herzen krieche, daß seine Arme ebenso leblos und kalt seien, und daß er sterben werde, wenn sich die beiden eisigen Wellen bei seinem Herzen träfen. Plötzlich wurde er von einer Panik ergriffen, klammerte sich mit verzweifelter Kraft an mich, als ob sein Leben davon abhinge. Ich flößte ihm Kognak zwischen die trockenen Lippen, streichelte ihn sanft und versuchte, seine Gedanken auf das zu lenken, was in der nächsten Zukunft vor uns lag, erzählte ihm von seinem Geburtstagskuchen, den ich den ganzen Weg von Isiolo mitgebracht hatte, und sagte, daß wir ihn an diesem Abend essen wollten, sobald er sich wohl genug fühle, um aufzustehen.

Ich kannte die Ursache seines Zustandes. Er hatte sich mit der Überdosis Mepacrine vergiftet, und die Heftigkeit der Reaktion war darauf zurückzuführen, daß er tauchen gegangen war, ohne die Nachwirkungen des gefährlichen Medikaments abzuwarten. Vor vielen Jahren hatte er etwas Ähnliches durchgemacht, und daher kannte ich die Symptome. Als er endlich in einen erschöpften Schlaf verfiel, war die Nacht vergangen, aber vorher erlitt er noch verschiedene Anfälle, in denen sein Gehirn mit erschreckender Geschwindigkeit arbeitete und er sinnlose Worte murmelte. Am nächsten Morgen schickte ich nach Lamu nach einem Arzt, aber der fähige Inder, der kam, konnte für George wenig tun, außer Schlafmittel zu verordnen und ihm das Vertrauen zu geben, daß er sich erholen würde, solange er nicht wieder tauchen ginge.

Sobald George sich ausreichend erholt hatte, kehrten wir nach Isiolo zurück. Wie jeder Urlaub, war unserer viel zu schnell vergangen. Aber als wir nach Hause fuhren, waren wir von der Sonne tief gebräunt, und Elsa hatte durch ihre Bäder in der See ein schönes, seidiges Fell bekommen.

Viertes Kapitel

Die menschenfressenden Löwen

Bald nach unserer Rückkehr nach Isiolo bemerkte ich eines Tages, daß Elsa nur mühevoll lief und Schmerzen hatte. Es wurde bereits dunkel, und zwischen uns und dem Haus lag eine weite Strecke über felsige, mit Dornengebüsch bedeckte Abhänge. Bald konnte Elsa nicht mehr weiter. George meinte, daß sie an Verstopfung leide, und schlug vor, ihr an Ort und Stelle einen Einlauf zu geben. Das bedeutete, nach Hause zurückzukehren, von dort nach Isiolo zu fahren, um alles Erforderliche zu beschaffen. Während ich das tat, blieb er bei Elsa zurück.

Bis alles bereit war, war es dunkel, und ich mußte mich über die Hügel mit warmem Wasser, einer Klistierspritze und einer Lampe mühen. Es ist ein großer Unterschied, ob man in der Sprechstunde eines Tierarztes einen Einlauf verabreicht oder es bei Dunkelheit mitten im von Dornengestrüpp bedeckten Busch bei einer sich wild kratzenden Löwin tut. Ich beglückwünschte mich selbst, daß es mir gelang, einen halben Liter Flüssigkeit in die arme Elsa einzuführen, aber das war auch alles, was sie erlaubte, und es war natürlich viel zu wenig, um zu irgendeinem Erfolg zu führen. So blieb uns keine andere Wahl, als sie nach

Hause zu tragen. Wieder stolperte ich nach Hause zurück, wo ich ein Feldbett als Tragbahre, ein paar Fackeln und sechs Boys als Träger holte, mit denen ich dann bergauf in die Nacht hinauszog.

Als wir ankamen, wälzte Elsa sich sofort auf das Bett, wo sie sich auf den Rücken legte und zeigte, daß sie diese seltsame Art der Fortbewegung durch und durch genoß. Tatsächlich schien es, als ob sie nie auf eine andere Art gereist wäre. Aber da sie um hundertachtzig Pfund herum wog, teilten die Träger ihr Vergnügen nicht, die sich schwitzend und keuchend bergab kämpften und alle paar Minuten anhielten, um auszuruhen.

Elsa traf nicht ein einziges Mal Anstalten, ihre Tragbahre zu verlassen, sondern machte sich einen großen Spaß daraus, dem nächsten der Boys gelegentlich einen Klaps aufs Hinterteil zu geben, als ob sie ihn antreiben wollte.

Als wir schließlich nach Hause kamen, waren wir alle, außer Elsa, ziemlich erschöpft, und wir waren genötigt, sie von dem Bett herunterzurollen, denn sie hatte nicht die Absicht, es freiwillig zu verlassen.

Später entdeckten wir, daß Hakenwürmer die Ursache ihrer Schmerzen gewesen waren. Sie mußte sich damit infiziert haben, als wir uns an der Küste des Indischen Ozeans aufgehalten hatten.

Nicht lange nachdem sie sich erholt hatte, mußte sich George mit zwei menschenfressenden Löwen abgeben, die während der letzten drei Jahre achtundzwanzig Angehörige des Boran-Stammes getötet oder schwer verletzt hatten. Von ihren Überfällen liefen viele grauenhafte Geschichten um. An einem dunklen Abend hatte sich einer der Löwen Zugang in eine Boma* erzwungen und einen Jungen gepackt, der laut um Hilfe schrie, während er davongeschleift wurde. Niemand wagte sich zu rühren. Nur zwei Hunde kamen ihm zur Hilfe. Bellend liefen sie hinter dem Löwen her und veranlaßten ihn, seine Beute fahren zu lassen, um sie zu verjagen. Aber nachdem die Bestie das getan hatte, kehrte sie zu ihrem Opfer zurück, dessen Schreie nach und nach in der Ferne verklangen.

Im allgemeinen sind die Boran zweifellos sehr tapfer und gehören zu den wenigen afrikanischen Stämmen, die Löwen noch mit dem Speer jagen**.

Sie töten auch Elefanten; nicht nur, um sich zu ernähren, sondern um ihre Speere mit Blut zu taufen oder ihre Mannbarkeit zu beweisen. Wenn Elefanten entdeckt werden, entsteht bei den jungen Männern große Aufregung, und es entbrennt ein wilder Wettkampf. Jeder versucht, als erster seinen Speer in Blut zu tauchen, und der, dem es gelingt, beansprucht die Trophäe für sich. Kein junger Mann wird von den

* Boma bedeutete ursprünglich eine befestigte Stellung. Jetzt verwendet man diesen Ausdruck, um sowohl den Standort von Verwaltungsbehörden als auch jede geschlossene afrikanische Ansiedlung zu bezeichnen.

** Zwei alte Formen der Jagd werden noch angewendet – von den Walfängern, die immer noch mit primitiven Harpunen in kleinen Booten ausfahren, und von den Pygmäen, die in erster Linie Wild jagen, um sich zu ernähren. Wenn sie Elefanten jagen, schleicht sich ein Mann unter das Tier und sticht ihm eine Waffe in den Leib. Dann kehrt er zu seinen Gefährten zurück, die sich erst danach an der Jagd beteiligen.

Mädchen freundlich angesehen, solange er sich nicht durch das Töten eines gefährlichen Tieres seine Sporen verdient hat.

Aber so tapfer die Boran auch waren, in diesem Fall hatten die Menschenfresser sie völlig eingeschüchtert. Das war zum Teil auf die Schlauheit und Verwegenheit der Löwen zurückzuführen, zum Teil auch darauf, daß sie sich jedesmal, wenn sie gejagt wurden, in das dichte Unterholz am Fluß zurückzogen, wo es für einen Mann unmöglich war, einen Speer zu heben und zu werfen. Zu ihrer Furcht vor diesen Löwen trug dann auch noch der Aberglaube eine gute Portion bei. Es wurde von ihnen behauptet, daß sie sich, ehe sie sich auf einen Raubzug begaben, auf eine offene, sandige Stelle zurückzogen, wo sie mit ihren Pranken zwei Reihen Furchen in den Sand zogen. Dort spielten sie dann das alte Spiel ›Bau‹ (ein Spiel unbekannten Alters, das dem Damespiel ähnelt und überall in Afrika gespielt wird), wobei sie Zweige als Spielsteine benutzten. Wenn die Vorzeichen gut waren, überfielen sie eine Boma und holten sich ihr Opfer. Wenn nicht, warteten sie ab. Eine andere Geschichte behauptete, die Löwen seien die Geister zweier ›heiliger Männer‹, die vor langer Zeit von einem Boran ermordet worden waren und jetzt in dieser Gestalt zurückgekommen seien, um sich zu rächen. Diese Überzeugung war so stark, daß sich die ansässigen Boran an einen praktizierenden ›heiligen Mann‹ um Hilfe wandten, der von weit her zu ihnen kommen sollte, um die Geister auszutreiben. Er traf mit Buch, Schelle und Kerze ein und verlangte ein Honorar von sechzig

Ziegen, aber die Löwen setzten ihre Überfälle fort. Die Legende von der Unverwundbarkeit der Löwen wurde auch noch durch die Tatsache gefördert, daß George und andere Jäger bei früheren Gelegenheiten versucht hatten, die Bestien zu töten, was ihnen aber aus Zeitmangel nicht gelungen war. Das bestätigte die Boran in ihrer Überzeugung, daß die Löwen übernatürliche Wesen seien und daß es aussichtslos sei, sie zu erlegen.

Darum waren wir jetzt, trotz der bevorstehenden Regenzeit, entschlossen, diesen Zauberbann zu brechen. Wir sahen nicht im entferntesten voraus, daß es uns vierundzwanzig Tage und Nächte kosten würde, diese Aufgabe zu vollbringen. Wir fuhren ab, Elsa und ich im Lastwagen, George, ein junger Offizier von den King's African Rifles auf Urlaub und ein paar Fährtensucher in dem Landrover und dem Anhänger. Wir hatten das Glück, einen günstigen Lagerplatz ein paar Meilen von dem Handelszentrum Merti entfernt zu finden. Hier schlugen wir unter ein paar schönen Akazien nahe dem Rand des Busches am Flußufer und etwa eine halbe Meile vom Uaso Nyiro entfernt unsere Zelte auf. Der Platz war nach allen Seiten hin offen. Das ist ein wichtiger Punkt, wenn man es mit Menschenfressern zu tun hat, denn es ist weniger wahrscheinlich, daß sie ein offenliegendes Lager überfallen, als eines, das vom Busch umgeben ist.

Nachdem das Lager aufgebaut war, begaben wir uns nach Merti, um die letzten Neuigkeiten über die Menschenfresser einzuholen. Der Ort bestand aus drei Läden aus Lehm und Wellblech, die sich im Besitz von Somali befanden. Sie berichteten uns, daß die Löwen während der letzten drei Monate keinen Menschen getötet, aber ständig die Viehherden überfallen hatten. Erst vor wenigen Nächten waren sie in den Hof hinter dem Hauptladen eingedrungen und hatten sich einen Esel geholt, und in den vergangenen vier Wochen hatte man sie fast jede Nacht flußaufwärts und flußabwärts brüllen hören.

George schickte sofort nach dem örtlichen Häuptling und den Stammesältesten der Boran und befahl ihnen, ihren Leuten, die am Fluß wohnten, mitzuteilen, daß wir sofort benachrichtigt werden sollten, wenn die Löwen wieder einen Überfall machten.

Die Löwen durchstreiften ein Gebiet, das sich fünfzig Meilen weit den Uaso Nyiro entlang erstreckte. Von Anfang an schien es, als ob ihnen unsere Absichten bekannt wären. Das Gelände begünstigte sie, und sie wußten das fast undurchdringliche Unterholz am Flußufer gut zu nutzen. Sie waren unermüdliche Wanderer und machten sich nichts daraus, in einer Nacht dreißig Meilen zurückzulegen, aber sie taten das wenigstens in der nächtlichen Kühle, während wir gezwungen waren, ihnen in der Tageshitze zu folgen, uns durch den dichten Busch mit seinen scharfen Dornen und Palmenwedeln, die uns die Sicht verdeckten, oder knietief durch den Morast und Schlamm sumpfiger Lagunen zu kämpfen.

Als erstes mußte George vierzig Meilen zurücklegen, um ein Zebra zu schießen. Dann schleifte er den Kadaver etwa eine Meile von unserem Lager entfernt in das Unterholz am Flußufer und sicherte ihn unter einer Akazie am Boden. In den unteren Ästen des Baumes, etwa zwölf Fuß über dem Boden, bauten wir einen Machan, einen Hochsitz. Während der nächsten drei Nächte hielten George und John, der junge Offizier, dort Wache. Wir hörten die Löwen oben am Fluß brüllen, aber nichts geschah. Ich saß im Lager und lauschte auf ihre gewaltigen Stimmen, während Elsa neben mir in dem Lastwagen selbstzufrieden schnarchte. Wußte sie nicht, daß ihre Blutsbrüder in der Nähe waren? Das Paradoxe dieser Situation stand mir klar vor Augen. Wir jagten hier bei Tag und Nacht gefährliche Menschenfresser, doch wenn wir erschöpft und erfolglos zurückkehrten, freuten wir uns darauf, mit Elsa zusammen zu sein, die uns durch ihre Zuneigung für die Ermüdung und Strapazen entschädigte. Löwe gegen Löwe? Welche Einstellung wir ihnen gegenüber auch hatten, ich konnte nicht anders, als diese wilden Geschöpfe bewundern, und George, obwohl er allen Grund hatte, ihnen gram zu sein, da er einmal von einem Löwen schwer verletzt worden war, hielt sie für die intelligentesten aller wilden Tiere und achtete sie.

Ermüdet von den durchwachten Nächten, schliefen er und John in der vierten Nacht im Lager, und in dieser Nacht kamen die Löwen, um sich den Köder zu holen. Jetzt mußte ein neuer beschafft werden, und wieder verbrachten sie drei Nächte vergeblich auf der Lauer. Als sie dann wieder von der tagelangen Verfolgung der Fährten der Löwen und den schlaflosen Nächten erschöpft ins Lager zurückkamen, nahmen die Löwen wieder die Gelegenheit wahr und machten

Ein Besuch bei Elsa im Juli 1959

Elsa läßt Nuru an den von ihr geschlagenen Büffel heran

Das Löwenbaby Elsa schläft

Die »Große« und Elsa beim Spiel

George lehrt Elsa das Apportieren

Elsa schleift das Tuch schon so wie später ihre Beute

Elsa schaukelt im Autoreifen

Pati, der Klippschliefer, begibt sich in Sicherheit

sich über den Köder her. Inzwischen waren wir alle geneigt, mit den Boran übereinzustimmen, daß die Löwen vielleicht doch die Geister ›heiliger Männer‹ oder wahrscheinlicher von Teufeln seien.

Jetzt änderten wir unsere Taktik und verlegten den größten Teil der Jagd auf den Tag und verfolgten ihre Fährten durch den dichten Busch. Zweimal kamen wir den Löwen nahe, nur um sie flüchten zu hören, ohne eine Gelegenheit zum Schuß zu bekommen. Die Jagd zu Fuß war höchst anstrengend, nicht nur wegen der Hitze, sondern weil wir ständig in zusammengeduckter Haltung durch Tunnels in der dichten Vegetation vorgehen mußten. Auch erleichterte uns die Anwesenheit von Nashörnern und Elefanten unsere Aufgabe nicht. Im Oberland hatte der Regen eingesetzt, und das Wasser im Fluß begann merklich zu steigen. Da die Löwen sich auf dem anderen Ufer aufhielten, mußten wir unser Lager unverzüglich verlegen, wenn wir noch durch die Furt unterhalb von Merti hinüberkommen wollten.

Wir brachen das Lager ab, doch als wir in den frühen Morgenstunden die Furt erreichten, mußten wir feststellen, daß das Wasser während der Nacht erheblich gestiegen war und noch weiter stieg. Wir glaubten aber, daß wir mit den Wagen gerade noch durch die Furt kommen konnten, obwohl ein kleiner Stock, den ich in den Grund gesteckt hatte, um die Wasserhöhe festzustellen, bald überflutet und dann weggeschwemmt wurde.

George kuppelte den Anhänger von dem Landrover ab, löste den Keilriemen des Ventilators, um zu verhindern, daß Wasser auf die Zündanlage gespritzt wurde. Dann rollte er langsam in den Fluß und überquerte ihn erfolgreich. Als nächstes folgte mein Lastwagen mit Elsa, die wie üblich hinten drin saß. Das Wasser strömte mit alarmierender Geschwindigkeit vorbei und führte Treibgut mit sich. Der Lastwagen wühlte sich tapfer bis zur Mitte hindurch, dann begann die Maschine zu husten und würgte ab. Sie war durch nichts wieder in Gang zu bringen. Wir befreiten Elsa sofort. Sie sprang ins Wasser, plantschte darin herum und versuchte, vorbeitreibendes Holz zu schnappen, als ob wir das Ganze nur zu ihrer Belustigung veranstaltet hätten. Es machte ihr so viel Vergnügen, die Männer unterzutauchen, die, bis zu den Schultern im Wasser, die Wagenladung durch den Fluß trugen, daß wir schließlich gezwungen waren, sie anzubinden. Als der Lastwagen leer war, versuchten wir ihn abzuschleppen, aber er legte sich beunruhigend weit zur Seite, und die Ketten, die wir bei uns hatten, erwiesen sich als nicht lang genug, so daß wir sie schnell mit Büffelhaut provisorisch verlängern mußten. Schließlich gelang es uns mit Hilfe aller Hände, die zogen und schoben, und unter dem Beifall aller anwesenden Paviane, hinüberzukommen.

Wir mußten auf der Stelle ein Lager aufschlagen, da wir den Rest des Tages brauchten, um unsere Ausrüstung, Medikamente, Munition, Bücher, Lebensmittel, den Motor des Lastwagens, die Ersatzteile, die Betten und die Zelte zu trocknen. Elsa vertrieb sich die Zeit damit, zwischen diesem Stilleben herumzuschnüffeln, auch an Georges Tabak, über den sie voll Abscheu eine Grimasse schnitt.

Am nächsten Morgen hatte der Fluß seine Ufer überflutet, und wir mußten auf höher gelegenes Gelände weiterziehen. Während der nächsten Nacht regnete es stark, und wir fürchteten schon, das könne das Ende der Löwenjagd bedeuten. Nichtsdestoweniger verbrachten wir den Morgen mit der Suche nach einem geeigneten Baum, in dem wir einen Machan verbergen konnten. Aber der Busch war hier sehr niedrig, und schließlich mußten wir uns mit einem Mswaki-Busch zufriedengeben, der kaum hoch genug war, um den Machan außer Reichweite hungriger Löwen zu errichten. George schoß ein Zebra und legte es als Köder für die Löwen unter den Busch aus, und dann nahmen er und John kurz nach Einbruch der Dunkelheit ihre Wache auf. Vielleicht wußten die Löwen, wie unzulänglich der Machan war, nur acht Fuß über dem Boden, denn nach etwa einer Stunde hörten die Männer die zwei Bestien. Die eine brüllte eine halbe Meile von der Furt entfernt, die andere auf der anderen Seite des Flusses. Das Gebrüll von der Furt her wurde nach und nach lauter, und zweifellos war dieser Löwe bei guter Stimme, denn sein letztes Gebrüll brachte den Machan ziemlich ins Schwanken. Als nächstes hörte George das unverkennbare Geräusch des Löwen, der den Köder aufriß. Aber es war eine dunkle Nacht, und er konnte nichts sehen. Die beiden Jäger warteten darauf, daß der Löwe sich zu einem Mahl niederließ. Dann schaltete George seine Taschenlampe ein, und das Tier wurde sichtbar. Es kehrte ihnen die Rückseite zu und bot, den Kopf in dem Zebra vergraben, nur ein ungünstiges Ziel für einen Schuß, bis es, durch das Licht gestört, den Kopf wendete und zu dem Machan hinaufsah.

Dann zielte George auf seinen Nacken und schoß. Es folgte ein tiefes Grunzen, der Löwe sprang in die Luft und strich ab, wobei er laute gurgelnde Töne ausstieß. Offensichtlich war er schwer getroffen, und George war überzeugt, ihn beim Morgengrauen tot aufzufinden. Sobald es hell genug war, kamen von dem Lager zwei Fährtensucher zu dem Machan und verfolgten mit George und John die Blutspur, die in den dichten Busch am Flußufer führte. Wenn der Löwe noch lebte, war es ein sehr gewagtes Unterfangen, ihm zu folgen. Sie drangen vorsichtig Schritt für Schritt vor, blieben alle paar Minuten angespannt lauschend stehen, um das geringste Geräusch wahrzunehmen. Plötzlich hörten sie ein Knurren, und George erwischte einen kurzen Blick auf zwei flüchtende Löwen. Offensichtlich war der eine von ihnen vom anderen Flußufer herübergekommen, um seinen Gefährten zu treffen. Sie waren der Überzeugung, daß der verwundete Löwe sie bestimmt angreifen würde, wenn sie in seine Nähe kämen. Inzwischen war die Blutspur fast verschwunden, und in dem ungewissen Licht war es schwierig, der Fährte der Tatzen zu folgen. Sie waren stehengeblieben und untersuchten sorgfältig den Boden, als einer der Spurensucher George an die Schulter tippte und zurückdeutete. Dort, fünfzehn Meter entfernt, sah er den Kopf eines Löwen, der sie über einen Busch hinweg ansah. George schoß ihn zwischen die Augen. Es war ein großer Löwe, der von der Nasenspitze bis zur

Spitze seines Schwanzes neun Fuß und fünf Zoll maß. George war überzeugt, daß es das Tier sein mußte, das er verwundet hatte, da der Löwe außer dem Einschuß zwischen den Augen hinten am Kopf zwei Schußwunden hatte. Er nahm an, der andere Löwe sei über den Fluß entkommen, und glaubte sich tatsächlich daran zu erinnern, nach seinem Schuß ein Plantschen gehört zu haben.

Als ich auf dem Kampffeld eintraf, lobte ich George sehr für seinen Erfolg. Es muß sehr beängstigend gewesen sein, einem verwundeten, menschenfressenden Löwen in dieses Dickicht zu folgen. Obwohl wir schon ganze drei Wochen auf diese Menschenfresser gejagt und jeden Nerv angespannt hatten, um durch das dichte Unterholz einen Anblick ihres goldenen Felles zu erhaschen, war es tatsächlich das erste Mal, daß ich einen von ihnen zu sehen bekam. Jetzt war seine Kraft gebrochen. Seine Pranken, deren große Spuren wir so gut kannten, lagen schlaff und leblos. Er befand sich auf der Höhe seines Lebens, war etwa acht Jahre alt. Natürlich waren wir erleichtert, daß wenigstens einer der Menschenfresser tot war. Aber wider jede Logik konnten wir uns über unseren Sieg über dieses prachtvolle Tier nicht freuen. Nachdem wir das Fell abgezogen hatten, fotografierte ich sein Herz. Es war so groß wie ein Kinderkopf, und danach verstand ich, warum ich Elsas Herz oft wie einen Motor gegen ihren Rippen klopfen hörte.

In dieser Nacht wachten George und John über dem toten Zebra, in der Hoffnung, daß der zweite Menschenfresser kommen würde. Zum Lohn für ihre

Mühe wurden sie nur durchnäßt, hörten aber den Löwen auf der anderen Seite des Flusses brüllen. Da das Wasser jetzt zu tief war, um die Furt zu durchwaten, und es wegen der Krokodile zu gefährlich war, durch den Fluß zu schwimmen, baute George aus dem Stahlrahmen eines Feldbettes, den er mit einer Bodenplane überzog, ein Boot. Es gelang ihm zwar ausgezeichnet, bedauerlicherweise trug es aber nur eine Person. Also überquerte er den Fluß allein und ging nach Merti, wo die Nachricht vom Tod des einen der beiden Menschenfresser Überraschung und Aufregung auslöste. Jetzt waren die Boran endlich überzeugt, daß die Löwen keineswegs unsterblich seien, und zeigten sich begierig, uns zu helfen, den anderen zu finden. Auf dem Weg nach Merti hatte George die frische Fährte einer Löwin gekreuzt. Das veranlaßte ihn, sich zu fragen, ob es ihre Stimme gewesen sei, die er in der vergangenen Nacht gehört hatte, und ob der Löwe, den er geschossen hatte, tatsächlich der gleiche sei wie der, den er vorher verwundete. Es war nicht unmöglich, daß das Geschoß aus seiner schweren Büchse den Schädel der Bestie durchschlagen hatte, dann geplatzt war, und daß die beiden Löcher hinten am Kopf des Löwen durch zwei Bruchstücke der gleichen Kugel verursacht worden waren. Wenn das zutraf, befand sich noch ein verwundeter Löwe auf der anderen Seite des Flusses, auf dem unser Lager stand.

Als George auf unsere Seite des Flusses zurückkehrte, begegnete er an der Furt einer Schar von sechs jungen Boran, die mit Speeren bewaffnet und bereit waren, nach diesem möglicherweise verwundeten Löwen suchen zu helfen. Er schlug ihnen vor, sie sollten am nächsten Tag mit ihren besten Jagdhunden zurückkehren. Wie verabredet trafen wir sie am Morgen und fanden sie in Begleitung höchst unwahrscheinlich anmutender Jagdhunde, von denen sie uns jedoch versicherten, daß sie sich nicht vor Löwen fürchteten.

Noch einmal drangen wir in den Busch ein. Nach kurzer Zeit bemerkte George, daß die Hunde, trotz der Anfeuerung ihrer Herren, keinen großen Eifer zeigten, weiter vorzugehen. Schließlich drehte der Führer der Meute mit eingezogenem Schwanz um und machte, daß er nach Hause kam, und die übrigen folgten ihm. Wir alle erwarteten ein Gebrüll zu hören, dem ein angreifender Löwe folgte, aber nichts geschah. Statt dessen vernahmen wir das aufgeregte Gebelle von Pavianen, ein sicheres Zeichen dafür, daß sie etwas Alarmierendes gesehen hatten, entweder einen Löwen oder einen Leoparden. Nachdem wir eine Weile mit angespannten Augen und Ohren abgewartet hatten, suchten wir weiter. Als George sich duckte, um unter einem Busch hindurchzukommen, zog etwas Hellfarbiges seinen Blick an. In einer regelrechten Festung aus Dornbüschen kauerte zusammengeduckt, augenscheinlich zum Angriff bereit, ein Löwe. George war im Begriff zu schießen, als ihm das laute Summen von Fliegen verriet, daß das Tier tot war. Wir stellten fest, daß die von dem Machan abgeschossene Kugel ihm die Kehle zerrissen und wahrscheinlich die Halsvene verletzt hatte. Es war wirklich ein Prachtexemplar, das von der Nasen- bis zur Schwanzspitze neun Fuß maß. Er war nicht so hoch wie der andere, aber ein viel schöneres Tier, und ich bewunderte die große Bestie, obwohl sie soviel Schrecken verursacht hatte.

Beide Löwen waren völlig gesund und in den für Löwen besten Jahren. Zweifellos hatten sie unter keinerlei körperlichen Gebrechen gelitten, die ihre Menschenfresserei hätte rechtfertigen können.

Die meisten Löwen werden zu Menschenfressern, weil sie irgendein Leiden haben, sei es, daß sie durch eine Speerspitze verwundet wurden, oder sich in einer Falle verletzt haben, oder daß ihre Zähne schlecht geworden sind. Oder sie haben sich Stachelschweinstacheln in ihre Pranken gerissen, oder sind sehr alt und jagen in diesem Zustand auf Wild, das weniger beweglich als ihr naturgegebenes ist. Es gibt aber Ausnahmen, Fälle, in denen man nur vermuten kann, welche Laune der Natur sie verleitete, auf Menschenfleisch zu jagen. Wurde ihr Geschmack auf Menschenfleisch durch die Sorglosigkeit der Eingeborenen geweckt, die häufig nachts außerhalb der Dornenhekken schlafen, die ihre Viehherden beschützen? Muß ein hungriger Löwe, der beabsichtigt, mühsam ein Dornengehege zu durchbrechen, um dahinter ein Tier zu erbeuten, und jagdbares Wild schlafend davor findet, nicht tatsächlich in Versuchung geraten? Kann man ihm vorwerfen, daß er den leichteren Weg einschlägt? Eine derartige Erfahrung kann leicht zur Gewohnheit führen und auf diese Weise ein neuer Menschenfresser entstehen. Zwangsläufig lernen auch seine Jungen dann diese Art der Jagd kennen, und so wird diese Neigung eher durch Belehrung als durch angeborenen Instinkt weitergegeben.

Jetzt war unsere Aufgabe beendet, und die Boran würden nicht mehr von den Geistern der ›Heiligen Männer‹ belästigt werden. Wir überlegten allerdings, daß ausreichender Grund zu der Befürchtung vorlag, die beiden Löwen hätten schon mehrere kräftige Jungen großgezogen, und konnten nur hoffen, daß sie nicht in dem Geschmack ihrer Eltern unterrichtet worden waren, was, wie sich später herausstellte, tatsächlich der Fall war.

Fünftes Kapitel

Safari zum Rudolfsee

Elsa war jetzt achtzehn Monate alt, und ich bemerkte zum erstenmal, daß sie einen starken Geruch ausströmte; wie sich später allerdings zeigte, nur vorübergehend. Unter ihrem Schwanzansatz haben Löwinnen zwei Drüsen, die Analdrüsen genannt werden. Sie geben ein stark riechendes Sekret ab, das sie mit ihrem Urin gegen bestimmte Bäume spritzen. Und obwohl es ihr eigener Geruch war, rümpfte Elsa immer angewidert die Nase darüber.

An einem Nachmittag nach unserer Rückkehr nach Isiolo begegneten wir einer Herde Elenantilopen. Elsa begann sofort, sie anzuschleichen. Die großen Antilopen grasten auf einem steilen Abhang und hatten verschiedene Jungtiere bei sich. Eine Elenkuh wartete auf Elsa, und ehe sie den Kälbern zu nahe kam, lenkte die Antilope Elsas Aufmerksamkeit von den Jungtieren ab, indem sie mit ihr zwischen den Büschen Versteck spielte. Auf diese Weise beschäftigte sie Elsa, bis die Herde mit den Kälbern in Sicherheit und hinter einer Hügelgruppe verschwunden war. Dann galoppierte die Elenkuh in schnellem Tempo davon und ließ die arme Elsa hinter sich zurück.

Auch ein anderes Beispiel tierischer Diplomatie war

faszinierend zu beobachten. Wir hatten Elsa auf einen Hügel hinter dem Haus gebracht, von dessen Gipfel wir eine Herde von etwa achtig Elefanten mit vielen jungen Kälbern weiden sahen. Auch Elsa nahm sie wahr, und noch ehe wir ›nein‹ rufen konnten, lief sie den Hügel hinab und näherte sich ein paar Augenblicke später vorsichtig der Elefantenherde.

Ihr am nächsten befand sich eine Kuh mit einem kleinen Kalb. Elsa schlich es mit großem Geschick an, aber die Elefantenmutter hatte ihre Absicht genau erkannt. Mit ängstlicher Spannung sahen wir zu, erwarteten einen Angriff, aber zu unserer Überraschung schob sich die Elefantenmutter ruhig zwischen Elsa und das Kalb und drängte es langsam auf ein paar große Bullen zu, wobei sie ihr Kalb ständig gegen die Löwin deckte. Enttäuscht sah sich Elsa nach dem nächsten Spielgefährten um und nutzte vorsichtig jede Deckung, um sich zwei äsenden Bullen zu nähern. Aber sie wurde von ihnen ignoriert. Dann versuchte sie, andere kleine Gruppen der Elefanten zu provozieren, indem sie sich ihnen bis auf wenige Schritte näherte. Noch immer geschah nichts. Die Sonne stand tief. Wir riefen nach ihr, aber sie ließ unsere Rufe eigensinnig unbeachtet. Schließlich blieb uns nichts anderes übrig, als ohne sie nach Hause zuruckzukehren. Sie war entschlossen, sich Zeit zu lassen, und wir konnten uns nur darauf verlassen, daß ihre Intelligenz sie vor Gefahren bewahrte.

Ich wartete in ihrem Gehege und versuchte zu lesen, aber meine Gedanken waren nicht bei meinem Buch. Meine Phantasie spiegelte mir schreckliche

Visionen vor, und ich wurde immer unruhiger. Was konnten wir tun? Wenn wir Elsa während der Elefantensaison anketteten, würde sie nur verstört und reizbar werden. Tatsächlich konnte es dazu führen, daß sie gefährlich wurde. Wir mußten sie aus eigener Erfahrung ihre Grenzen kennenlernen lassen, ihr erlauben, ihr Vergnügen gegenüber der Langeweile oder der Gefahr des Spiels mit diesen großen Tieren abzuwägen. Vielleicht verlor sie auf diese Weise ihr Interesse an ihnen. Inzwischen war sie seit drei Stunden überfällig, und ich befürchtete schon ein Unglück, als ich plötzlich das vertraute ›hnk-hnk‹ hörte; sie kam sehr durstig an, aber ehe sie an ihre Wasserschale ging, leckte sie über mein Gesicht und nuckelte an meinem Daumen, als ob sie mir sagen wollte, wie froh sie wäre, wieder bei mir zu sein. Sie roch stark nach Elefanten, und ich konnte mir gut vorstellen, wie nahe sie ihnen gekommen war, und daß sie sich in ihrer Losung gewälzt hatte. An der Art, wie sie sich mit einem Plumps auf den Boden fallen ließ, konnte ich auch erkennen, wie müde sie war. Ich empfand große Dankbarkeit. Hier kam meine Freundin gerade aus einer Welt zurück, die mir völlig verschlossen war, und trotzdem war sie voller Zuneigung wie immer. Konnte sie in irgendeiner Form erkennen, welch außergewöhnliches Glied sie zwischen diesen beiden Welten bildete?

Von allen Tieren hatte sie für Giraffen zweifellos die größte Vorliebe. Sie beschlich sie oft, bis beide Seiten des Spiels müde wurden. Dann setzte sie sich hin, um auf die Giraffen zu warten, und tatsächlich näherten sie sich nach einiger Zeit ihr wieder, kamen langsam Schritt für Schritt heran, den Kopf Elsa zugewandt, betrachteten sie mit ihren großen, traurigen Augen und bogen ihre Hälse forschend vor. Im allgemeinen knabberten sie im Vorbeigehen an den von ihnen bevorzugten Akazienbäumen und schritten dann friedlich davon. Aber manchmal hetzte Elsa sie in richtiger Löwenart. Wenn sie die Giraffen entdeckt hatte, bog sie im rechten Winkel von der Windrichtung ab, schlich sich vor, den Bauch dicht über dem Boden, jeder Muskel zitternd, bis sie die Herde umgangen hatte, und trieb sie dann auf uns zu. Zweifellos erwartete sie von uns, daß wir im Hinterhalt lauerten und das Wild erlegten, das sie uns so geschickt zugetrieben hatte.

Auch andere Tiere weckten ihr Interesse. Zum Beispiel schnüffelte sie eines Tages in der Luft und schoß dann in ein dichtes Gebüsch davon. Bald darauf hörten wir Knacken und Grunzen, das direkt auf uns zukam. Wir sprangen schnell aus dem Weg, als ein Warzenschwein an uns vorbeidonnerte, Elsa dicht auf seinen Fersen. Beide verschwanden blitzschnell, und eine Zeitlang hörten wir sie durch das Unterholz brechen. Wir waren sehr um Elsas Sicherheit besorgt, denn Warzenschweine haben ansehnliche Hauer, mit denen sie sich zur Wehr setzen können, bis sie schließlich als Sieger von der Jagd zurückkehrte, ihren Kopf gegen unsere Knie rieb und uns von ihrem neuen Spielgefährten erzählte.

Unsere nächste Safari führte uns an den Rudolfsee, ein brackiges Gewässer von über hundertachtzig Meilen Länge, das bis über die abessinische Grenze hinausreicht. Wir wollten sieben Wochen unterwegs sein, und den größten Teil der Zeit mußten wir zu Fuß mit Packeseln und Maultieren reisen. Elsa sollte zum erstenmal eine Safari zu Fuß in der Gesellschaft von Eseln erleben, und wir konnten nur hoffen, daß sich beide Seiten miteinander abfinden würden. Wir waren eine große Gesellschaft. George und ich, Julian, ein Wildheger aus einem Nachbarterritorium, Herbert, der wieder unser Gast war, sowie Fährtensucher, Treiber und unsere Boys, sechs Schafe, um Elsa unterwegs zu ernähren, und fünfunddreißig Esel und Maultiere. Die Packtiere wurden drei Wochen vorher losgeschickt, und wir wollten sie am Ufer des Sees treffen. Wir legten die Strecke von rund dreihundert Meilen mit Motorfahrzeugen zurück.

Es wurde ein großer Konvoi. Zwei Landrovers, mein Anderthalbtonner mit Elsa hinten drin und zwei Dreitonnenlastwagen. Die letzteren waren notwendig, damit wir nicht nur die Menschen befördern, sondern auch genügend Verpflegung und Benzin für die Wochen, die wir unterwegs waren, mitführen konnten, und außerdem achtzig Gallonen Wasser. Die ersten hundertachtzig Meilen führten uns durch die sandige, heiße und staubige Ebene der Kaisut-Wüste. Dann fuhren wir die vulkanischen Abhänge des Marsabit hinauf, ein für sich gelegenes vulkanisches Massiv, das sich fünfzehnhundert Meter über die umgebende Wüste erhebt. Von einem dichten, kühlen, von Flechten durchzogenen Wald bedeckt und oft in Dunst gehüllt, bildete das Massiv einen willkommenen Gegensatz zu dem es umgebenden heißen, dürren Land. Es ist ein Paradies für das Wild und beherbergt Elefanten, die das schönste Elfenbein Afrikas tragen, außerdem Nashörner, Büffel, große Kudus, Löwen und kleines Wild. Hier liegt der letzte Verwaltungsposten.

Von nun an führte unser Weg durch praktisch unbewohntes Land, und wir waren von jedem Kontakt mit der übrigen Welt abgeschnitten. Nichts durchbrach die Eintönigkeit der Sandschluchten und Lavahügelketten. Der einzige Zwischenfall war ein Krach, bei dem mein Wagen fast in zwei Stücke zerbrach. Ein Hinterrad hatte sich selbständig gemacht, und wir kamen zu einem plötzlichen Halt. Die arme Elsa. Wir brauchten Stunden, um den Schaden zu reparieren, und da der Wagen den einzigen Schatten in der brennenden Sonne bot, mußte sie die ganze Zeit darin verbringen, was sie verabscheute. Indessen fand sie sich bereitwillig damit ab, und obwohl sie fremde Afrikaner nicht mochte, duldete sie entgegenkommenderweise die schwatzende Schar unserer Leute, die sich dicht um den Wagen drängten und zu helfen versuchten. Als wir wieder weiterfahren konnten, kletterten wir über ein erschreckendes Gelände in die Hurriberge an der abessinischen Grenze hinauf. Das Gebirge ist wüstenartig und zieht weniger Feuchtigkeit als der Marsabit an, obwohl es höher ist. Ein fortwährender Sturmwind weht über seine Abhänge, und infolgedessen gibt es dort keinen Wald. Elsa verwirrte der scharfe Wind sehr, und sie mußte die Nächte in dem Lastwagen verbringen, wo sie durch Zeltvorhänge vor seinen eisigen Stößen gut geschützt war.

Georges Absicht beim Besuch dieses Gebirges war, sich über die Wildsituation zu informieren und festzustellen, ob Anzeichen für Wilddieberei durch den Stamm der Gabbra vorlagen. Nachdem wir ein paar Tage mit Streifzügen durch die Landschaft verbracht hatten, wendeten wir uns nach Westen, durchquerten das deprimierendste, verlassenste Lavagebiet, wo schroffe Felsen den Wagen unbarmherzig holpern ließen, und Elsa hatte eine schwere Zeit, als wir mit dem Fahrzeug durch tiefe, versandete Flußbette fuhren oder vorsichtig unseren Weg zwischen Felsblöcken suchten und dabei gegen die großen Steine stießen. Schließlich erreichten wir die Chalbi-Wüste, einen ausgetrockneten alten See von achtzig Meilen Länge mit einer glatten, ziemlich festen Oberfläche, auf dem ein Fahrzeug mit voller Geschwindigkeit fahren kann. Luftspiegelungen sind die bemerkenswerteste Erscheinung in diesem Gebiet. Große Wasserflächen mit sich darin spiegelnden Palmen erscheinen, verschwinden aber schnell, wenn man sich ihnen nähert. Gazellen schienen hier die Ausmaße von Elefanten anzunehmen und über das Wasser zu ziehen. Es ist ein Land des Durstes und der sengenden Hitze. Am Westende der Chalbi liegt die Oase North Horr. Hier befindet sich ein Polizeiposten, und Tausende von Kamelen, Schafen und Ziegen, die dem Stamm der Rendille gehören, werden hier getränkt. Einen bemerkenswerten Anblick bieten auch morgens die Tausende von Flughühnern, die hier einfallen, um an den wenigen Tümpeln zu trinken. Da uns nichts in North Horr festhielt, füllten wir unsere Wasserbehälter und setzten unsere Reise fort.

Schließlich erreichten wir, nachdem wir zweihundertunddreißig Meilen weit geschaukelt und gestoßen worden waren, Loyongalane, eine Oase mit Frischwasserquellen in einem Doompalmenhain nahe der Südspitze des Rudolfsees. Hier fanden wir unsere auf uns wartenden Esel vor. Wir brachten Elsa sofort an den See, der zwei Meilen entfernt liegt. Sie stürzte sich in das Wasser, als ob sie die Anstrengung der Reise abspülen wollte, und plantschte mitten zwischen die Krokodile, die im Rudolfsee sehr zahlreich sind. Glücklicherweise waren sie nicht aggressiv, trotzdem versuchten wir, sie zu verscheuchen. Während unserer Safari hoben sich ihre treibenden, hornigen Formen überall am Ufer ab und machten das Baden zum mindesten für uns zu einem zweifelhaften Vergnügen.

In Loyongalane errichteten wir unser Ausgangslager und verbrachten die nächsten drei Tage damit, Sattelzeug herzurichten und die Eselladungen zu packen. Jede Ladung wog annähernd fünfzig Pfund, und jeder Esel hatte zwei zu tragen. Schließlich war alles bereit. Es waren achtzehn Esel, die mit Verpflegung und der Lagerausrüstung beladen waren, vier mit Wasserbehältern, ein Reitmaultier für den Fall, daß einer schwach oder fußkrank wurde, und fünf Reserveesel. Ich machte mir Sorge, wie Elsa sich gegenüber den Eseln verhalten würde. Sie beobachtete das Umpakken mit zurückhaltendem Interesse. Als dann das Beladen begann, mußte sie angekettet werden, denn der Anblick von soviel verlockendem Fleisch, das sich in dem Bemühen, die unerwünschte Last abzuwerfen, ia-end und ausschlagend im Sand wälzte, dazwischen schreiende Afrikaner, die herumliefen und versuchten, Ordnung in das Chaos zu bringen, regte sie im höchsten Maße auf.

Der Haupttrupp brach am Morgen auf, und wir folgten mit Elsa später am Tag, als es kühler wurde. Unser Marsch führte an der Küste entlang nach Norden. Elsa war sehr aufgeregt und schoß wie ein junger Hund von einem zum anderen, sprang dann mitten in eine Schar Flamingos, apportierte eine Ente, die wir geschossen hatten, und ging schließlich im See schwimmen, wobei einer von uns sie mit schußbereitem Gewehr gegen die Krokodile bewachen mußte. Später, als wir an einer Kamelherde vorbeikamen, war ich gezwungen, sie an die Kette zu nehmen. Das machte sie wütend, und durch ihre Anstrengungen, diese neuen Freunde kennenzulernen, riß sie mir fast die Arme aus. ich hatte allerdings nicht den Wunsch, eine tobende, von Panik ergriffene Kamelherde zu sehen, die durcheinander stolperte, blökte, gurgelte, sich die Beine verwickelte, und Elsa mitten dazwischen. Glücklicherweise war das die letzte Herde Haustiere, die wir am Seeufer trafen.

Als die Nacht anbrach, sahen wir vor uns die Lagerfeuer am See. Wieder nahm ich Elsa an die Kette, aus Angst, sie verfüge noch über ausreichende Energie, Jagd auf unsere Esel zu machen. Als wir ankamen, fanden wir das Lager bereits aufgeschlagen vor und alles zum Abendessen bereit. Während wir einen verspäteten Abendtrunk zu uns nahmen, beschlossen wir, daß die Löwengruppe – George und ich, Nuru, ein Fährtensucher als Führer und Elsa – jeden Morgen bei Tagesanbruch abmarschieren sollte, während das Lager abgebrochen und die Lasttiere gesattelt und beladen wurden. Auf diese Weise kamen wir in den Genuß der kühlen Tagesstunden, und die Packtiere folgten uns in einer sicheren Entfernung, und das bewahrte uns vor der Notwendigkeit, Elsa an die Kette zu nehmen. Gegen halb zehn suchten wir dann einen schattigen Platz, wo wir während der größten Hitze des Tages rasten konnten und wo die Esel die Möglichkeit fanden, zu grasen. Sobald die Packesel in Sicht kamen, wurde Elsa angekettet. Am Nachmittag wurde umgekehrt verfahren. Die Eselgruppe marschierte zwei Stunden vor der Löwengruppe ab und schlug vor Einbruch der Dunkelheit das Lager auf. Diese Einteilung behielten wir während der ganzen Safari bei, und sie bewährte sich sehr gut, denn durch sie blieben Elsa und die Esel voneinander getrennt, außer während der Mittagsrast, wenn sie angekettet wurde und sehr müde war. Wie sich zeigte, lernten beide Seiten, sich gegenseitig als unvermeidlich hinzunehmen und anzuerkennen, daß alles, was zu der Safari gehörte, geduldet werden mußte.

Wir fanden, daß Elsa bis etwa gegen neun am Morgen sehr gut marschierte. Dann begann sie die Hitze zu spüren und blieb jedes Mal stehen, wenn ein Felsen oder ein Busch Schatten spendete. Am Nachmittag war sie nur widerwillig zu bewegen, vor fünf weiterzumarschieren. Danach hätte sie, nachdem ihre Ballen an den Pfoten abgehärtet waren, die ganze Nacht durchmarschieren können. Im Durchschnitt trottete sie täglich sieben bis acht Stunden und blieb in wunderbarer Verfassung. Sie tauchte im See und schwamm so oft wie möglich, manchmal nur sechs oder acht Fuß an Krokodilen vorbei. Kein Rufen oder Winken meinerseits konnte sie veranlassen, zurückzukommen, ehe es ihr paßte. Im allgemeinen erreichten wir das Lager zwischen acht und neun Uhr abends. Häufig schoß die Eselgruppe Leuchtkugeln ab, um uns die Richtung zu weisen.

Am zweiten Tag nach unserem Abmarsch ließen wir die letzte Ansiedlung hinter uns zurück. Es war ein kleines Fischerdorf des primitiven Stammes der El Molo. Dieser Stamm umfaßt rund achtzig Seelen, die fast ausschließlich von Fisch leben, und nur gelegentlich findet ihre Ernährung eine Abwechslung durch Krokodil- oder Nilpferdfleisch. Die Folge dieser sehr unausgeglichenen Diät und der Inzucht ist, daß viele von ihnen mißgestaltet sind und Rachitis haben. Sie leiden auch unter schlechten Zähnen und Erkrankungen des Zahnfleisches. Vielleicht ist das auch auf Unterernährung zurückzuführen, wahrscheinlicher aber auf die Tatsache, daß das Seewasser einen hohen Gehalt an Natron und anderen Salzen aufweist. Es sind freundliche und großzügige Menschen, und jeder Fremde wird immer mit einem Geschenk von frischen Fischen begrüßt. Sie fischen zum größten Teil mit Netzen, die sie aus Fasern der Doompalme herstellen, der einzigen Faser, die von dem alkalischen Wasser nicht zerfressen wird. Die riesigen Nilbarsche dagegen, die bis zu zweihundert Pfund schwer werden, und Krokodile und Nilpferde werden von Flößen, die aus drei primitiv zusammengebundenen Palmstämmen bestehen, mit der Harpune gejagt. Diese unbeholfenen Fahrzeuge werden mit Stangen durch das seichte Wasser gestakt, und die Fischer wagen sich aus Furcht vor den heftigen Winden, die häufig über den See fegen und manchmal eine Geschwindigkeit von über neunzig Meilen in der Stunde erreichen, nie weit hinaus. Tatsächlich macht der Wind das Leben für jeden Reisenden in diesem Gebiet im höchsten Grad unbehaglich. Es ist unmöglich, ein Zelt aufzurichten. Das Essen wird einem entweder vom Teller geweht, ehe man es sich nehmen kann, oder so mit Sand bedeckt, daß es ungenießbar wird. Schlafen ist durch die scharfen Windstöße, die einem Sand in die Augen, die Nase und die Ohren blasen und die Betten fast davonwehen, beinahe unmöglich. Doch trotz dieser Qualen besitzt der See in stilleren Augenblicken eine echte Schönheit und übt eine Anziehungskraft aus, die sich nur schwer beschreiben läßt und die den Wunsch weckt, immer wieder zu ihm zurückzukehren.

Die ersten zehn Tage führten uns an seinem Ufer entlang. Das umgebende Land war düster. Lava und immer wieder Lava. Nur die Beschaffenheit der Lava änderte sich. Manchmal war sie staubfeine Asche, an anderen Stellen bestand sie aus scharfkantigem Geröll, daß uns die Füße von dem Rutschen und Gleiten auf unebenem Grund schmerzten. An manchen Stellen war sie tiefer Sand, durch den jeder Schritt zu einer Anstrengung wurde. Dann wieder mußten wir uns den Weg über groben Kies oder Schotter suchen, und die ganze Zeit wehte der heiße Wind, zehrte an unseren Kräften und ließ uns schwindelig werden. Die Vegetation war sehr karg, nur ein paar dürre, dornige Pflanzen, an denen man sich stach, und rasiermesserscharfes Gras, das in die Haut schnitt.

Um Elsas Ballen im gesunden Zustand zu erhalten, mußte ich sie häufig einfetten, eine Prozedur, deren Sinn sie zu verstehen und die sie gern zu haben schien. Im allgemeinen lag ich während der Mittagsrast auf meinem Feldbett, was bequemer war als auf den harten Steinen. Elsa erkannte das schnell, griff meine Idee auf und leistete mir Gesellschaft. Bald darauf konnte ich mich glücklich schätzen, wenn sie mir eine kleine Ecke freiließ, und manchmal hatte ich Pech und mußte auf dem Boden sitzen, während sie sich in voller Länge auf meinem Bett ausstreckte. Aber im allgemeinen rollten wir uns gemeinsam auf dem Bett zusammen, und ich hoffte immer, daß es unter unserem vereinten Gewicht nicht zusammenbrechen würde. Während unserer langen Märsche trug Nuru immer Trinkwasser und eine Schale für Elsa. Sie bekam ihre Abendmahlzeit gegen neun Uhr und schlief anschließend fest, wobei sie an meinem Bett angebunden war.

Eines Abends verloren wir die Richtung, und Leuchtkugeln mußten uns den Weg zum Lager weisen, das wir spät in der Nacht erreichten. Elsa schien erschöpft zu sein, darum ließ ich sie unangekettet schlafen. Aber obwohl sie schläfrig aussah, stürzte sie plötzlich schnell auf das Dornengehege zu, in dem die Esel die Nacht verbrachten, und brach in echtem

Löwenstil durch die Hecke. Eselgeschrei, Panik und ein Höllenlärm brachen aus, und noch ehe wir eingreifen konnten, waren in der Dunkelheit alle Esel in alle Winde verstreut. Zum Glück faßten wir Elsa bald, und ich gab ihr eine ordentliche Tracht Prügel. Sie schien zu verstehen, daß sie das verdient hatte, und zeigte, so gut sie konnte, daß es ihr leid tat. Ich fühlte mich selbst schuldbewußt, weil ich ihren natürlichen Instinkt und die ungeheure Versuchung, in die eine aufregend riechende Eselherde sie führen mußte, unterschätzt hatte, besonders zu einer Stunde, in der der Jagdtrieb in wilden Tieren am stärksten auftritt.

Zum Glück hatte nur einer der armen Esel ein paar Kratzer abbekommen, und sie waren nicht ernst. Ich behandelte sie, und sie waren bald geheilt. Aber diese Episode war mir eine Warnung, Elsa nie ohne Aufsicht zu lassen.

Fische gab es reichlich, und im allgemeinen konnten George und Julian das Lager mit köstlichen Fischen versorgen, die Riesentilapia genannt werden und eine einmalige Spezialität des Rudolfsees sind. Sie werden entweder mit der Angelrute oder einer Leine gefangen, oder indem man sie mit einem Gewehrschuß ins Wasser betäubt. Die Fährtensucher schienen die häßlich aussehenden Katzenfische zu bevorzugen, die an seichten Stellen im Wasser standen und die sie mit Knüppeln und Steinen erlegen konnten. Elsa war immer bereit, sich an dem Spaß zu beteiligen, und manchmal apportierte sie einen Katzenfisch, ließ ihn aber bald fallen und rümpfte voll Abscheu die Nase.

Eines Tages sahen wir Nuru, der immer eine Schrotflinte bei sich trug, das Gewehr am Lauf pakken und damit einen Fisch erschlagen. Er schlug mit solcher Gewalt zu, daß der Kolben an vielen Stellen splitterte, brach und im rechten Winkel vom Lauf abstand. Nuru war über seinen erbeuteten Katzenfisch so entzückt, daß der Schaden, den er angerichtet hatte, ihn völlig gleichgültig ließ. Als George ihm Vorhaltungen machte, antwortete er gelassen: »Oh, Mungo (Gott) wird Ihnen zu einem anderen Gewehr verhelfen.« Elsa allerdings übte Vergeltung: sie schnappte sich Nurus Sandalen, die er am Ufer liegengelassen hatte, und verschwand mit ihnen im Galopp. Es war ein komischer Anblick, wie die beiden sich gegenseitig zu überlisten versuchten. Als der Besitzer seine Sandalen schließlich zurückerhielt, waren sie in einem beklagenswerten Zustand.

Ehe wir die Alia-Bucht etwa hundert Meilen nördlich erreichten, mußten wir die lange Longondoti-Kette überwinden. An verschiedenen Stellen fallen die Berge direkt in den See ab. Darum mußten die Esel mit ihren sperrigen Lasten einen Umweg ins Land hinein machen, während die Löwengruppe sich über die Felsen und am Ufer entlang durchkämpfte. Einmal sah es an einer schwierigen Felsecke so aus, als ob wir nicht weiterkämen. Um diese Stelle zu überwinden, war Elsa vor die Wahl gestellt, entweder von einer fünfzehn Fuß hohen Klippe, die von einem glitschigen Niederschlag bedeckt war, auf dem sie unmöglich einen Halt finden konnte, hinunter in das seichte Wasser zu springen, oder einen ebenso steilen

Felsen hinabzuklettern, wo sie in dem schäumenden Wasser landen mußte, das gegen seinen Fuß donnerte. Tatsächlich war das Wasser nicht tiefer, als sie hoch war, aber durch den Schaum sah es sehr gefährlich aus, und sie wußte nicht, was sie tun sollte. Sie versuchte es an jeder Kante des Felsens, trat verzweifelt auf ihrer kleinen Plattform von einem Fuß auf den anderen, bis sie schließlich mutig in die peitschenden Wellen sprang und, von uns gelobt und gelockt, bald trockenen Boden erreichte. Es war rührend, zu sehen, wie entzückt und stolz sie über ihre eigene Leistung und über den Beifall war, den sie dafür bei uns fand.

Den größten Teil des Marsches waren wir zum Trinken und Kochen auf das brackige Wasser des Sees angewiesen. Es hatte einen unangenehmen Geschmack, den es auf jede Speise übertrug, obwohl es ganz unschädlich und so weich war, daß man wunderbar darin baden konnte und keine Seife zum Waschen brauchte. Eine Frischwasserquelle, die wir am Fuß der Moiti-Berge fanden, war deshalb eine höchst angenehme Überraschung.

Die Route, die wir im Westen am Fuß dieser Berge einschlugen, war, soweit wir wußten, noch niemals von einem Europäer bereist worden. Die paar Forscher, die dieses Gebiet in der Vergangenheit aufsuchten, hatten sich viel weiter östlich gehalten. Neun Tage, nachdem wir Loyongalane verlassen hatten, lagerten wir am nördlichen Ausläufer des Gebirges. Wie üblich hatten wir eine Gruppe von Fährtensuchern vorausgeschickt, um das Land zu erkunden und Ausschau nach Wilderern zu halten. Früh am Nachmittag kehrten sie zurück und berichteten, daß sie eine große Schar Männer in Kanus gesichtet hatten. Der einzige Stamm am See, der richtig ausgehöhlte Kanus besitzt, sind die Galubba, ein unruhiges Volk, das mit Gewehren gut ausgerüstet ist und ständig Raubzüge über die abessinische Grenze hinab in unser Gebiet ausführt und dort plündert und mordet. Die Gruppe, die die Fährtensucher gesichtet hatten, konnte entweder eine Räuberbande oder eine Expedition von Wilderern und Fischern sein. Auf jeden Fall hatten sie kein Recht, hierherzukommen. Elsa und ich blieben mit vier mit Gewehren bewaffneten Fährtensuchern zu unserem Schutz im Lager zurück, während die übrigen Mitglieder unserer Safari auf Erkundung auszogen.

Als sie den Gipfel des Bergzuges erreichten, von dem man die Bucht überblickt, sahen sie drei Kanus mit zwölf Männern nahe am Ufer, die in Richtung auf unser Lager zupaddelten. Unsere Leute wurden jedoch sofort von den Männern in den Kanus bemerkt, und als George und seine Begleiter das Ufer erreichten, waren die Kanus schon gut zweihundert Meter draußen auf dem See und paddelten in größter Eile auf eine kleine Insel zu. Sie schienen keine Feuerwaffen zu besitzen, obwohl sie natürlich in ihren Kanus Gewehre versteckt haben konnten. Durch das Fernglas erkannte George auf der Insel eine Gruppe von mindestens vierzig Männern und weitere Kanus, die auf das Ufer hinaufgezogen waren. Er beobachtete, wie die Kanus den Strand erreichten und sich alles offensichtlich aufgeregt um sie versammelte.

Unsere Leute kehrten dann zum Lager zurück, da sie ohne Boot nicht viel unternehmen konnten. Wir packten sofort zusammen und zogen an die Bucht hinunter, so nah wie möglich bei der Insel. In dieser Nacht wurden verstärkte Posten aufgestellt, und jeder Mann schlief mit seinem geladenen Gewehr neben sich. Als der Tag anbrach, sahen wir, daß die Insel verlassen war. Offensichtlich hatte den Galubba unser Anblick nicht gefallen, und sie hatten sich entschlossen, sich während der Dunkelheit davonzumachen, trotz des schweren Sturmes, der während der Nacht herrschte. Um sich zu vergewissern, daß sie wirklich verschwunden waren, schickte George Spähtrupps am Ufer entlang. Bald nach Sonnenaufgang sahen wir Schwärme von Geiern und Marabus sich auf der Insel niederlassen. Das ließ uns vermuten, daß die Galubba sich auf einer Wilderer- und Fischereiexpedition befanden und zweifellos Nilpferde getötet hatten, an deren Überresten die Geier und Marabus sich jetzt gütlich taten.

Gegen elf Uhr vormittags tauchten plötzlich zwei Kanus aus dem dichten Schilfgürtel im Süden unseres Lagers auf und strebten dem offenen Wasser zu. Um sie zurückzuschrecken, schoß George ihnen ein paar Schüsse vor den Bug, worauf sie in höchster Eile wieder in das Schilf jagten. Dann schickte er ein paar Fährtensucher aus, die mit den Galubba Kontakt aufnehmen und sie überreden sollten, ans Ufer zu kommen. Zwar gelang es den Fährtensuchern, in ihre Rufweite zu gelangen, aber die Wilddiebe gaben ihnen keine Antwort, sondern zogen sich tiefer in das Schilf zurück. Während des ganzen Tages konnten wir ihre Köpfe über dem Schilf auftauchen sehen, um uns zu beobachten. Wir schätzten, daß sich vier Kanus im Schilf befanden, die wahrscheinlich von dem Haupttrupp abgesprengt worden waren. Da es unmöglich war, nahe an sie heranzukommen, hielt George es für das beste, sie zu veranlassen, sich in ihre Heimat zurückzuziehen. Deshalb schoß er, sobald es dunkel wurde, in Abständen mit Leuchtspurmunition und ein paar Leuchtkugeln über den Sumpf.

Inzwischen näherten sich unsere Vorräte ihrem Ende, und es wurde Zeit, zurückzukehren. Nun zeigte sich, daß der erste Teil unserer Safari im Vergleich zu dem zweiten luxuriös gewesen war, denn da hatten wir noch reichlich Wasser vom See. Statt auf unseren Spuren zurückzukehren, entschlossen wir uns diesmal, eine Route tiefer im Land einzuschlagen. Goite, unser Turkanaführer, schien sich des Weges nicht sehr sicher zu sein, und, was schlimmer war, er war auch nicht sicher, ob wir so viel Wasser finden würden, wie wir brauchten, denn in diesem Gebiet ist man von den Wasserlöchern abhängig, die in der trokkenen Jahreszeit selten werden und weit voneinander abliegen. George rechnete indessen, daß wir nie mehr als einen langen Tagesmarsch von dem See entfernt wären, so daß wir ihn erreichen konnten, falls wir in Wassernot kämen. Wir vermißten die kühlende Brise des Sees, und ich fühlte mich manchmal durch die Hitze fast ausgedörrt. Die Landschaft hier war noch öder als die, durch die wir auf unserem Hermarsch gezogen waren. Es gab nichts als Lava und verständlicherweise deswegen wenig Wild und keine menschliche Bevölkerung. Zum Glück hatten wir in Loyongalane Schafe gekauft, und wenn Elsas lebende Speisekammer auch schnell zusammenschmolz, so genügte sie doch, um das Problem ihrer Ernährung zu lösen. Aber wir alle verloren während dieser Zeit unser überschüssiges Gewicht. Auf unserem Rückmarsch kamen wir schnell vorwärts, weil die Esel jetzt geringeres Gewicht zu tragen hatten, und da große Strecken der Route wasserlos waren, mußten wir weitere Tagesmärsche zurücklegen.

Als wir achtzehn Tage später wieder in Loyongalane eintrafen, stellten wir fest, daß die Fährtensucher, die wir zurückgelassen hatten, um unser Lager zu bewachen, nicht untätig geblieben waren. Sie hatten vier Turkana-Wilddiebe aufzuweisen, die sie beim Fallenstellen erwischt hatten. Der älteste begrüßte George mit großer Zuneigung und erinnerte ihn daran, daß er vor rund zehn Jahren von ihm bei der gleichen Missetat gefaßt und deswegen ins Gefängnis nach Marsabit geschickt worden war. Er sagte, sein Zwangsaufenthalt dort habe ihm recht gut gefallen, aber er wünschte doch nicht, ihn zu wiederholen. Aus Rücksicht auf sein Alter war George nachsichtig und verurteilte ihn inoffiziell, unsere Safari als Eseltreiber zu begleiten.

Von Loyongalane wandten sich die Männer nach North Horr, wo es drei Somaliläden gab, um Lebensmittel für die Afrikaner zu kaufen. Auf dem Polizeiposten erfuhr George von dem leitenden afrikanischen Inspektor, daß eine Bande von acht berittenen, mit Gewehren bewaffneten Wilddieben zwischen Loyongalane und North Horr gesichtet worden war. Diese Wilddiebe gehören gewöhnlich zum Stamm der Boran und kommen von jenseits der Grenze. Sie sind mit Ponys beritten, die darauf trainiert sind, es vier oder gar fünf Tage ohne Wasser auszuhalten. Häufig mit Gewehren bewaffnet, kommen sie heruntergeritten und schießen Giraffen. Ihre Stammesbrüder diesseits der Grenze nehmen sie bei sich auf und warnen sie sofort vor sich nähernden Patrouillen. In diesem Falle allerdings hatte eine Kamelpatrouille die Spuren der Bande mehrere Tage verfolgt, sie schließlich überrascht, einen Mann verwundet und sieben Ponys erbeutet.

Wir verbrachten drei Tage in Loyongalane, besserten unsere Ausrüstung aus, flickten Sattelzeug und so weiter, um uns auf den zweiten Teil unserer Safari, den Aufstieg auf den Mount Kulal, vorzubereiten. Dieser Berg liegt zwanzig Meilen östlich des Sees und erhebt sich aus der umliegenden Ebene etwa 2250 Meter hoch. In seinen höheren Lagen erhält er die ganze Feuchtigkeit des Monsuns, und auf seinem Gipfel ist ein dichter Wald entstanden. Er ist ein schmaler Vulkan, achtundzwanzig Meilen lang, mit einem Krater in der Mitte, dessen Durchmesser vier Meilen beträgt. Dieser Krater ist halbiert und teilt den Berg in einen südlichen und einen nördlichen Teil. Eine Theorie behauptet, der Kulal sei durch ein Erdbeben von tiefen Rissen durchzogen worden, das auch die eindrucksvolle Spalte in den Krater geschlagen habe, nachdem der Vulkan bereits erloschen war. Die glatten Wände des Kraters sind wie die Schale einer aufgeschnittenen Apfelsine gespalten. Die glatten Wände fallen neunhundert Meter tief von der Oberkante des Kraters ab. An ihrem Fuß befindet sich, von oben unsichtbar, eine Schlucht, die Il Sigata genannt wird und die in das Innere des Berges führt. Ihre nackten Wände erheben sich Hunderte von Metern hoch, und stellenweise wird die Schlucht so eng, daß der Himmel darüber nur durch einen schmalen Schlitz sichtbar ist. Wir versuchten, die Schlucht zu erforschen. Wir drangen durch den einzig passierbaren Zugang im Osten des Kulal ein, stießen aber nach wenigen Stunden auf riesige Felsblöcke und tiefe Wassertümpel, die den Weg unüberwindlich versperrten. Wenn man den Berg gründlich erforschen wollte, mußte man auf die eine Hälfte hinaufsteigen, dann wieder ganz herunter und dann auf den zweiten Teil wieder hinauf. Das Ziel der Safari war, festzustellen, ob sich der Wildbestand auf dem Berg erhalten hatte oder ob er infolge der Wilderei zurückging. Das sollte durch einen Vergleich der gegenwärtigen Situation mit der geschehen, die George bei einem Besuch in diesem Gebiet vor zwölf Jahren beobachtet hatte. Insbesondere wollten wir den Bestand an großen Kudus erforschen.

Von unten bietet der Kulal kein sonderlich eindrucksvolles Bild, ein langgestreckter Berg mit breiten Kämmen, die zu seinem Gipfel führen. Wie wir später feststellten, wurden diese Kämme weiter oben so schmal, daß die Aufstiegsmöglichkeiten für Packtiere sehr beschränkt waren.

Der erste Teil des Marsches über dicht gestreute

Lavablöcke war für die beladenen Tiere äußerst mühsam. Später erwies sich der Aufstieg über messerrükkenscharfe Grate an vielen Stellen als sehr schwierig, und wir waren gezwungen, die Esel abzuladen und die Lasten von Trägern befördern zu lassen. Am zweiten Abend hatten wir zwei Drittel des Aufstiegs zurückgelegt. Wir lagerten in einem steilen, mit Lavablöcken besäten Teil nahe einer kleinen Quelle, die gerade so viel Wasser spendete, daß die Tiere nur einzeln getränkt werden konnten. Es wurde sehr spät, bis der letzte Esel die dringend erforderliche Wassermenge erhalten hatte. Die Quelle war eine der wenigen Wasserstellen am Kulal, und deshalb bildete sie ein natürliches Zentrum für die Angehörigen des Samburu-Stammes, der seine Viehherden in der trokkenen Jahreszeit auf den Kulal brachte.

Für Elsa muß es sehr erregend gewesen sein, diesen großen Herden von Kamelen, Rindern, Ziegen und Schafen an dieser und anderen Wasserstellen zu begegnen. Aber sie war intelligent und gutmütig, und da sie dem Anschein nach die Lage verstand, fand sie sich mit dem verlockenden Geruch dieser Tiere ab, die häufig nur wenige Schritte vor ihr vorbeizogen. Bei diesen Gelegenheiten legten wir sie an die Kette, aber sie machte keinen Versuch, anzugreifen, und wollte nur dem Staub und dem Lärm entgehen.

Die Route den Kulal hinauf war steil, und als wir in die höheren Lagen kamen, wurde das Klima arktisch. Wir überquerten Bergsättel, überschritten tiefe Schluchten und kämpften uns an steilen Abhängen entlang. Hier wurde der Busch niedriger und ging dann in eine schöne Hochgebirgsflora über.

Am nächsten Morgen erreichten wir den Gipfel des Kulal. Es war eine Erleichterung, über mehr oder minder ebenen Boden zu gehen. Das Lager wurde auf einer schönen kleinen Lichtung aufgeschlagen, dicht bei einer ziemlich schlammigen Quelle, die durch das Vieh der Samburu getrübt war. Sie staunten sehr, als sie in unserem Lager eine fast voll ausgewachsene Löwin fanden.

In dem dichten Waldgürtel nahe dem Gipfel hing morgens meistens dichter Nebel. Darum entzündeten wir ein loderndes Feuer aus Zedernscheiten, um uns zu wärmen. Nachts war es so kalt, daß ich Elsa in mein kleines Zelt nahm, ihr ein Lager aus Flechten bereitete und sie mit meiner wärmsten Decke zudeckte. Den größten Teil der Nacht verbrachte ich damit, die Decke wieder über Elsa zu ziehen, da sie ständig von ihr herunterrutschte und Elsa vor Kälte zu zittern begann. Immer wenn ich das tat, leckte sie mir über den Arm. Sie versuchte niemals, das Zelt einzureißen und hinauszugelangen. Im Gegenteil, sie blieb bis lange nach ihrer üblichen Aufstehzeit darin, rollte sich in ihrem Nest zusammen, in dem sie es warm und behaglich hatte, während draußen heftiger Sturm und feuchter Nebel herrschten. Sobald aber die Sonne den Nebel vertrieben hatte, erwachte sie zum Leben und genoß die kräftigende Bergluft. Tatsächlich liebte sie die Gegend, denn der Boden war weich und kühl, der Wald spendete dichten Schatten, und es gab reichlich Büffellosung, in der sie sich wälzen konnte.

Durch den Schatten und die Höhe bedeutete das Marschieren während der heißen Tagesstunden in diesem Gebiet keine Anstrengung für sie, und sie konnte den Berg mit uns erforschen. Sie beobachtete die hoch in der Luft kreisenden Adler und ärgerte sich über die Krähen, die ihr folgten und tief herabstießen, um sie zu reizen. Und bei einer Gelegenheit weckte sie einen Büffel aus dem Schlaf und hetzte ihn. Ihr Geruchssinn, ihr Gehör und ihre Sehkraft waren ausgezeichnet, und sie verlief sich nie in dem dichten Unterholz.

Eines Nachmittags folgten wir der Vorhut, die uns ein gutes Stück voraus durch den Wald zog, und Elsa legte uns in spielerischer Weise hinter jedem Busch einen Hinterhalt, als wir plötzlich aus der Richtung, in der sie gerade verschwunden war, ein panisches Eselsgeschrei hörten. Einen Augenblick später preschte ein Esel durch den Wald, auf dem Elsa sich festklammerte und den sie dabei verletzte. Zum Glück standen die Bäume so dicht, daß sie nicht sehr weit kamen, und wir erreichten das kämpfende Paar schnell und gaben Elsa die Prügel, die sie nach unserer Ansicht verdiente. Sie hatte etwas Derartiges noch niemals getan, und ich war höchst beunruhigt, denn ich war immer sehr stolz auf die Tatsache gewesen, daß sie stets meinem Ruf gehorchte, statt ein Tier übertrieben zu hetzen. Aber eigentlich konnte ich nur mir selbst einen Vorwurf machen, weil ich Elsa nicht an die Leine genommen hatte, und dem Eseltreiber, der den Esel zu weit hinter den anderen hatte zurückbleiben lassen. Durch einen unglücklichen Zufall hatten sich die Esel an diesem Tage, als sie beladen wurden, Elsa gegenüber sehr herausfordernd verhalten und waren sehr nahe an sie herangekommen, während sie angekettet war. Als sie dann später durch den Wald strich und einen armen Esel allein fand, erwies sich die Versuchung für sie zweifellos als zu groß. Außerdem war dieser Esel alt und hatte uns während der Safari einen Haufen Ärger verursacht. Alles in allem betrachtet, war ich also eher geneigt, Elsa zu vergeben, statt sie zu tadeln, als sie rührend um Verzeihung flehte und durch jeden einzelnen ihrer Tricks versuchte, unser Wohlwollen zurückzugewinnen.

Schließlich erreichten wir den Rand des Kraters, der den Berg teilt, und sahen zu dem nördlichen Teil hinüber, der nicht mehr als vier Meilen entfernt lag, wußten aber, daß wir zwei volle Marschtage brauchen würden, um dorthin zu gelangen. Gleichmütig balancierte Elsa am Rand des fast siebenhundert Meter tiefen Absturzes entlang, ein Anblick, der mich fast hysterisch werden ließ. Aber Tiere scheinen schwindelfrei zu sein. Am folgenden Tag stiegen wir hinunter, und die Safari erreichte den Zugang zu der großen Il-Sigata-Schlucht. Dort lagerten wir.

Während des Tages zogen Tausende von Kamelen, Ziegen und Schafen, die von großen, gut aussehenden Männern des Rendille-Stammes getrieben wurden, auf ihrem Weg zu dem Wasser vier Meilen weiter oben in der Schlucht an uns vorbei. Ihnen folgten Frauen, die Reihen von Kamelen führten, die mit Wasserbehältern beladen waren. Jeder Behälter faßte fünfundzwanzig Liter und bestand aus einem dichten Gewebe.

Wir marschierten in die Schlucht hinein, oder richtiger, buchstäblich in den Berg. Der Boden der

Schlucht ist ein ausgetrockneter Wasserlauf und steigt etwa fünf Meilen weit langsam zwischen hoch aufragenden Wänden an, die sich steil zu beiden Seiten erheben. Wenn man noch weiter vordringt, erreichen diese Wände eine Höhe von rund fünfhundert Metern und sind fast senkrecht. An manchen Stellen ist die Schlucht so schmal, daß zwei beladene Kamele nicht nebeneinander gehen können und überhängende Felsen den Himmel verdecken. Wir zogen weit über die Wasserstelle für das Vieh hinaus, und das sickernde Gewässer wurde zu einem ansehnlichen Bach mit vielen von Felsen eingefaßten Tümpeln mit klarem Wasser. Schließlich wurden wir von einer steilen, fast zehn Meter hohen Wand aufgehalten. Herbert, der Bergsteiger ist, gelang es, hinaufzuklettern, er stellte aber fest, daß sich gleich dahinter eine neue hohe Wand erhob.

Die Il-Sigata-Schlucht wurde einmal von Wilderern sehr bevorzugt, da es dort leicht war, auf Tiere zu lauern, die zur Tränke kamen. Tatsächlich ist ein Tier, das sich einmal in diese Falle gewagt hat, zum Untergang verdammt, da es keinen Weg hinaus gibt, außer dem, der an den wartenden Jägern vorbeiführt.

Von der Il-Sigata-Schlucht waren es anderthalb Tagesmärsche bis auf den Gipfel des nördlichen Massivs. Wir stellten fest, daß es von den Samburu und ihren Herden dichter bewohnt war als der südliche Teil, folglich mußte Elsas Bewegungsfreiheit eingeschränkt werden.

Wir stießen auf wenig Wild. Büffel, die hier einmal sehr zahlreich gewesen waren, hatten den nördlichen

Teil des Berges in den letzten sechs Jahren nicht mehr aufgesucht, wie uns berichtet wurde. Wir bekamen auch keine großen Kudus zu Gesicht, obwohl wir die Fährten von ein paar entdeckten. George war der Ansicht, daß dieser Wildmangel wahrscheinlich auf die zahlreichen Haustiere der Samburu zurückzuführen war, die das Gras fraßen und den Berg schnell seiner Weidegründe entblößten.

Infolge scharfer Lavabrocken war der Abstieg nach Loyongalane höchst anstrengend, und nicht einmal der prachtvolle Ausblick auf den Rudolfsee unter uns, dessen bleifarbene Oberfläche den Sonnenuntergang hinter tief indigoblauen Bergen und in einem orangegelben Himmel widerspiegelte, konnte für unser immer häufiger werdendes Stolpern entschädigen.

Elsa drehte sich ständig nach dem Berg und dem kühlen Wald um und wollte zu ihm zurücklaufen. Darum mußten wir sie an die Kette nehmen.

Bei Anbruch der Nacht verloren wir in der Dunkelheit die Richtung. Elsa legte sich alle paar Meter auf den Boden und gab klar zu verstehen, daß sie genug hatte. Obwohl sie jetzt fast ausgewachsen war, nukkelte sie immer noch gern an meinem Daumen, wenn sie nervös war, und in dieser Nacht nuckelte sie sehr viel. Schließlich führten uns ein paar Schüsse mit Leuchtspurmunition, die von der Vorhut abgefeuert wurden, zum Lager. Als wir nach unserem anstrengenden Nachtmarsch in das Lager geschwankt waren, verweigerte Elsa jede Nahrung und wollte nur in meiner Nähe sein. Auch ich mochte vor Erschöpfung nichts essen und konnte mir gut die Selbstüberwindung vorstellen, die es Elsa gekostet hatte, mitzuhalten. Sie konnte natürlich nicht verstehen, warum wir etwas so Sinnloses unternahmen, wie uns nachts über die scharfe Lava zu kämpfen, und nur ihre Zuneigung und ihr Vertrauen zu uns veranlaßten sie, daß sie weiter mitkam.

Trotz der Strapazen, die sie ertragen hatte, wurde auf dieser Safari, in deren Verlauf sie weit über dreihundert Meilen gewandert war, das Band zwischen uns nur noch verstärkt. Solange sie bei uns war und sich geliebt und in Sicherheit wußte, war sie glücklich. Das Gefühl, für ein derart stolzes und intelligentes Tier verantwortlich zu sein, das kein anderes lebendes Geschöpf besaß, um ihr stark entwickeltes Bedürfnis nach Zuneigung und seinen Herdeninstinkt zu befriedigen, band uns nur um so fester an sie. Manchmal war sie allerdings auch, ohne es zu wissen, eine Last. Weil wir sie nicht der Aufsicht eines anderen überlassen konnten, wurden wir zum Beispiel bis zu einem gewissen Grad ihre Gefangenen, aber sie gab uns für unsere kleinen Opfer sehr viel zurück. Die Unterschiede zwischen ihren und unseren Reaktionen beruhten nur auf ihrer natürlichen Veranlagung, die sie entwickeln und gebrauchen mußte, um das normale Leben eines wilden Löwen führen zu können. Es war sehr rührend, zu beobachten, wie sie die starken Kräften in sich zu beherrschen und sich uns zu Gefallen an unsere Lebensweise anzupassen versuchte. Ihr gutmütiges Temperament war zweifellos zum Teil in ihrem Charakter begründet, aber zum Teil beruhte es vielleicht auch auf der Tatsache, daß wir niemals weder Gewalt noch Behinderung oder Einschränkungen angewendet hatten, um ihr unsere Lebensweise aufzuzwingen, denn wir hatten nur durch Freundlichkeit versucht, ihr zu helfen, die Unterschiede zu überwinden, die zwischen unseren beiden Welten lagen.

Solange ein Löwe seine Nahrung findet, wandert er in der Natur nicht über weite Strecken, und Elsa hatte zweifellos mehr von der Welt gesehen, als wenn sie mit einem Rudel gelebt hätte. Dennoch kannte sie ihre Heimat, und jedes Mal, wenn wir von einer Safari zurückkehrten, nahm sie sofort ihre Gewohnheiten und den üblichen Tageslauf wieder auf.

Sechstes Kapitel

Elsa und die wilden Löwen

Elsa hatte bezaubernde Manieren. Gleichgültig, wie kurz wir getrennt waren, sie begrüßte uns jedesmal umständlich, lief von einem zum anderen, rieb ihren Kopf an uns und miaute leise klagend dazu. Ausnahmslos kam ich zuerst, dann George, nach ihm Nuru, und wer auch immer zufällig in der Nähe war, wurde anschließend in der gleichen Weise begrüßt. Sie wußte sofort, wer sie leiden konnte, und reagierte voller Zuneigung. Gäste, die verständlicherweise etwas nervös waren, duldete sie, aber diejenigen, die wirklich Angst zeigten, hatten etwas auszustehen. Nicht daß sie je einem etwas angetan hätte, aber es entzückte sie einfach, sie gründlich in Furcht und Schrecken zu versetzen.

Seit sie ein winziges Baby gewesen war, wußte sie ihr Gewicht zu gebrauchen. Inzwischen war das viel wirksamer geworden. Jedesmal, wenn sie uns zum Stehenbleiben veranlassen wollte, warf sie sich uns mit ihrem ganzen Gewicht vor die Füße, preßte ihren Körper gegen unsere Schienbeine und warf uns auf diese Weise um. Bald nach unserer Rückkehr vom Rudolfsee, als wir sie zu den Abendspaziergängen mitnahmen, begann sie eine wachsende Ratlosigkeit zu zeigen. Manchmal weigerte sie sich, mit uns zurückzukehren, und verbrachte die Nacht draußen im Busch. Im allgemeinen gelang es uns, sie nach Hause zu bekommen, indem wir sie in den Landrover holten. Sie kam bald dahinter, daß es eine Kraftvergeudung sei, den Weg zurückzulaufen, wenn eigens ein Wagen gebracht wurde, um sie zu holen. Sie sprang auf das Zelttuchverdeck, räkelte sich bequem zurecht und hielt von diesem erhöhten Platz Ausschau nach Wild, während wir dahinfuhren. Von ihrem Standpunkt aus gesehen, war das eine zufriedenstellende Methode. Aber unglücklicherweise hatten die Hersteller des Wagens das Verdeck nicht als Ruheplatz für einen Löwen konstruiert. Infolgedessen begannen die Stützen unter ihrer Last nachzugeben, und wir stellten fest, daß Elsa sich mehr und mehr auf uns herabsenkte. Deshalb mußte George zusätzliche Streben anbringen und das Zelttuch verstärken.

Wenn sie nicht in unserer Gesellschaft war, führte Nuru immer noch die Aufsicht über sie. Eines Tages wollten wir ihn mit ihr filmen und sagten ihm, er solle etwas Eleganteres als sein übliches, abgetragenes Hemd und die kurze Hose anziehen. Ein paar Minuten später erschien er in einem verblüffenden, eng anliegenden, cremefarbenen Jackett, das mit Litzen und Schnüren besetzt war. Er hatte es für sein Hochzeit gekauft. Wir waren der Meinung, daß er darin wie ein Berufslöwenbändiger aussehe. Elsa aber warf einen Blck auf ihn und stürzte sich sofort in den Busch davon. Von dort spähte sie hinter einem Strauch hervor, bis sie ihn erkannt hatte. Dann kam sie zu ihm und gab ihm einen Klaps, als wolle sie sagen: »Was, zum Teufel, soll das heißen, mich so zu erschrecken.«

Nuru und Elsa bestanden viele Abenteuer zusammen. Zum Beispiel erzählte uns Nuru, daß eines Tages, während sie sich unter einem Busch ausruhten, sich ihnen ein Leopard mit dem Wind näherte. Elsa beobachtete ihn gespannt und verhielt sich trotz ihrer Aufregung ruhig und beherrschte sich – nur ihr Schwanz zuckte –, bis der Leopard fast auf sie lief. Dann bemerkte das Tier plötzlich den zuckenden Löwenschwanz, schoß blitzschnell davon und rannte Nuru bei seiner Flucht fast um.

Elsa war jetzt dreiundzwanzig Monate alt, und ihre Stimme hatte einen grollenden Klang angenommen. Einen Monat später schien sie wieder heiß zu sein, und sie richtete ihren Strahl auf viele Büsche, zweifellos als Einladung an einen Gefährten. Normalerweise folgte sie uns bei unseren Spaziergängen überallhin, aber jetzt schien sie seit zwei Tagen entschlossen zu sein, das Tal zu überqueren. An einem bestimmten Nachmittag führte sie uns in *ihre* Richtung, und wir stießen bald auf die frische Fährte eines Löwen. Bei Dunkelheit weigerte sie sich, umzukehren. Da wir nahe einer Wagenspur waren, gingen wir zurück, um den Landrover zu holen, und George fuhr damit los, während ich zu Hause blieb, für den Fall, daß sie eine Abkürzung eingeschlagen hatte. Als er die Stelle erreichte, wo wir sie zurückgelassen hatten, rief George eine Zeitlang nach ihr, aber er erhielt keine Antwort; nur das Echo seiner Rufe hallte von den Bergen. Er fuhr eine Meile weiter und rief in Abständen nach ihr. Dann drehte er um, in der Hoffnung, daß Elsa inzwischen nach Hause gekommen sei. Ich sagte ihm, daß ich zwei lange Stunden gewartet hätte, von ihr aber noch nichts zu sehen gewesen sei. Darum fuhr er wieder los, und einige Zeit später hörte ich einen Schuß. Bis er zurückkam, war ich sehr beunruhigt, und über das, was er zu berichten hatte, aufs höchste verstört.

Er war hinausgefahren und hatte eine gute halbe Stunde nach Elsa gerufen. Sie hatte sich aber nicht gezeigt. Dann hatte er den Wagen in einer Lichtung im Busch angehalten und überlegt, was er tun könne. Plötzlich habe er etwa zweihundert Meter hinter dem Wagen ein großes Gebrüll von streitenden Löwen vernommen. Dann sei im nächsten Augenblick eine Löwin an ihm vorbeigerast, die von einer anderen wild verfolgt wurde. Als sie vorbeistürmten, hatte George nach seinem Gewehr gegriffen und unter dem zweiten Tier, in der wahrscheinlich richtigen Annahme, daß sie eine eifersüchtige Löwin sei, die Elsa umbringen wolle, eine Kugel hindurchgejagt. Dann sprang er in den Wagen und fuhr hinterher. Er fuhr einen schmalen Weg zwischen dichten Dornenbüschen entlang, ließ seinen Suchscheinwerfer von Seite zu Seite wandern, bis er plötzlich von einem Löwen und zwei Löwinnen aufgehalten wurde, die ihm nur widerwillig aus dem Wege gingen und lautes Gebrüll ausstießen.

Dann war er zurückgekommen, um mich zu holen. Wir fuhren zu der Stelle zurück, aber soviel wir auch verzweifelt nach Elsa riefen – wieder und wieder –

kein vertrauter Laut antwortete uns. Doch schließlich setzte in ein paar hundert Metern Entfernung wie zum Spott ein Löwenchor ein. Wir fuhren darauf zu, bis wir das Leuchten von drei Paar Augen sehen konnten. Wir konnten nichts unternehmen. Darum kehrten wir mit schwerem Herzen nach Hause zurück. War Elsa von einer eifersüchtigen Löwin getötet worden? In ihrem gegenwärtigen Zustand konnte sie sich leicht mit dem Löwen paaren, es war aber die Frage, ob seine Löwin eine Rivalin dulden würde.

Wir hatten noch nicht mehr als eine Meile unserer Rückfahrt zurückgelegt, als wir auf Elsa stießen, die an einem Busch schnüffelte. Sie ignorierte uns völlig. Wir versuchten, sie zu überreden, sich uns anzuschließen, aber sie blieb an der Stelle, an der wir sie fanden, und spähte sehnsüchtig in die Richtung, aus der wir die Löwen zuletzt gehört hatten. Schließlich begannen sie wieder zu grollen und kamen näher. Dreißig Meter hinter uns befand sich ein trockenes Flußbett, und dort hielt das Rudel an und brüllte wild.

Es war jetzt weit nach Mitternacht. Elsa saß im Mondlicht zwischen den Löwen und uns. Von beiden Seiten wurde nach ihr gerufen. Wer würde in diesem Wettkampf gewinnen? Plötzlich bewegte sich Elsa auf die Löwen zu, und ich rief: »Elsa, nein! Geh dort nicht hin! Sie bringen dich um!« Sie setzte sich wieder, sah sich nach uns um, sah nach ihresgleichen hin, unentschlossen, was sie tun solle. Eine Stunde lang änderte sich nichts an der Lage. Dann feuerte George zwei Schüsse über die Löwen hinweg ab. Das hatte zur Folge, daß sie sich still zurückzogen. Als Elsa sich dann immer noch nicht entschließen konnte, fuhren wir langsam weiter, in der Hoffnung, daß sie uns folgen würde. Das tat sie auch. Sehr zögernd lief sie neben dem Wagen her, sah sich oft um, bis sie schließlich auf das Verdeck sprang und wir sie in Sicherheit zurückbrachten. Als wir zu Hause ankamen, war sie sehr durstig und erschöpft und trank lange, ohne aufzuhören.

Was war während der fünf Stunden geschehen, die Elsa bei den Löwen verbracht hatte? Würde ein wildes Rudel sie trotz des menschlichen Geruchs, den sie an sich trug, aufnehmen? Würde ein männlicher Löwe eine heiße Löwin ignorieren? Warum war sie mit uns zurückgekommen, statt sich ihresgleichen anzuschließen? War es, weil sie sich vor der wilden Löwin fürchtete? Das waren einige der Fragen, die wir uns stellten. Bestehen blieb die Tatsache, daß sie durch dieses Erlebnis nicht zu Schaden gekommen war. Aber nach diesem Abenteuer wurde der Ruf der Wildnis offensichtlich stärker und stärker. Häufig kam sie in der Dunkelheit nicht mit uns zurück, und wir verbrachten viele Abende mit der Suche nach ihr. In der trockenen Jahreszeit war Wasser der wichtigste Anziehungspunkt, den wir für sie hatten, denn das konnte sie nur beim Haus bekommen. Felsen waren ihre Lieblingsplätze, und sie suchte sich immer einen Platz oben auf einer Klippe oder einen anderen sicheren Ort als Ausguck. Einmal mußten wir sie auf einem derartigen Felsen zurücklassen, obwohl wir in der Nähe einen Leoparden ›husten‹ hörten. Am nächsten Morgen kam sie mit mehreren blutenden Kratzwunden zurück. Wir fragten uns, ob sie ihr von dem Leoparden zugefügt worden waren. Ein andermal folgte sie nach Sonnenuntergang den lachenden Schreien einer Hyäne. Sie steigerten sich bald zu hysterischem Gekreisch, auf das Elsa mit lautem Knurren antwortete. George stürzte fort, um zu sehen, was geschah, und kam gerade rechtzeitig, um eine von zwei Hyänen zu schießen, die Elsa bedrängten. Darauf schleifte Elsa ihre ›Beute‹ in einen Busch, zog sie zwischen ihren Vorderbeinen mit sich, wie sie es als Löwenjunges mit einem Bodentuch getan hatte. Obwohl sie jetzt zwei Jahre alt war, konnten aber ihre Zähne das Fell einer Hyäne noch nicht durchdringen, und sie wußte nicht, was sie mit ihrer Beute anfangen sollte.

In diesem Alter blieben Giraffen immer noch ihre liebsten Freunde. Sie schlich sie an, verwendete jede Kriegslist ihrer Art, aber unweigerlich wurde sie entdeckt, ehe sie ihnen zu nahe kam. Der Grund war hauptsächlich, weil Elsa unfähig schien, ihren Schwanz zu beherrschen. Ihr Körper erstarrte, ohne daß sie auch nur mit einem Ohr zuckte, aber die auffällige schwarze Quaste an ihrem Schwanz blieb nie ruhig. Wenn die Giraffen sie einmal entdeckt hatten, folgte ein Wettbewerb, welche von ihnen die Kühnste sei. Eine nach der anderen kamen sie im Halbkreis näher, stießen ein leises, langgezogenes Schnauben aus, bis Elsa sich nicht länger beherrschen konnte, auf sie losstürmte und die Herde in die Flucht schlug. Bei zwei Gelegenheiten veranstaltete sie eine ununterbrochene Jagd auf einen riesigen alten Bullen. Erst nachdem sie rund eine Meile zurückgelegt hatten, wendete sich der Giraffenbulle gegen sie, entweder weil ihm die Luft ausging, oder weil er es satt hatte, gehetzt zu werden. Elsa umkreiste ihn, hielt sich gerade noch außer Reichweite seiner mächtig stampfenden Vorderbeine, von denen ein Schlag ihr leicht den Schädel zertrümmern konnte.

Alle zweieinhalb Monate schien sie heiß zu werden. Uns war gesagt worden, daß das offensichtliche Anzeichen dafür ein lautes Schnurren sei. Obwohl sie nun inzwischen zweimal heiß gewesen war, hatten wir noch nichts dergleichen bemerkt, aber jedesmal strömte sie einen eigentümlichen Geruch aus und spritzte ihre einladenden Strahlen in die Büsche.

Bald nach ihrem Abenteuer mit den Löwen berichtete Nuru, daß Elsa ihn wiederholt angeknurrt hatte, als er ihr am Morgen zu folgen versuchte. Offensichtlich wünschte sie, daß er zurückbliebe, während sie entschlossen in die Berge wanderte. So war sie trotz wachsender Hitze schnell davongetrabt, bis er ihre Spuren in den Felsen verloren hatte. Am Nachmittag folgten wir ihrer Fährte, verloren sie aber bald und konnten nur vom Fuß der Klippen aus nach ihr rufen. Als Antwort erfolgte ein seltsames Knurren, anders als Elsas Stimme, aber zweifellos kam es von einem Löwen. Bald danach sahen wir sie über die Blöcke herunterklettern und riefen sie in der vertrauten Weise. Als sie uns erreichte, warf sie sich erschöpft auf den Boden, keuchte und war sehr aufgeregt. Wir hatten ihr Wasser mitgebracht, und sie konnte nicht genug davon bekommen. Dann bemerkten wir verschiedene blutende Kratzwunden an ihren Hinterbeinen, Schultern und Nacken und zwei weitere blutende Wunden an ihrem Kopf, die eindeutig durch Zähne und nicht durch Krallen verursacht worden waren.*

Obwohl Elsa normalerweise keinen Eigengeruch besaß, ging jetzt ein sehr starker Geruch von ihr aus, viel stärker noch als der, den ihr gegenwärtiger Zustand verursachte. Sobald sie sich ein wenig erholt hatte, begrüßte sie uns in der gewohnten Weise und schnurrte jeden von uns abwechselnd in einer höchst überraschenden Art an, als ob sie sagen wollte: ›Hört einmal, was ich gelernt habe.‹

Als wir ihr unsere Bewunderung versichert hatten, ließ sie sich wieder auf den Boden fallen und schlief zwei Stunden fest. Sie war offensichtlich gerade mit einem Löwen zusammen gewesen, als wir sie mit unseren Rufen störten.

Zwei Tage später war sie einen ganzen Tag und eine Nacht fort, und als wir ihrer Fährte folgten, fanden wir sie in Gesellschaft einer Löwin. Beide hatten eine Zeitlang zusammengelegen.

Von dieser Zeit an war Elsa nachts mehr und mehr unterwegs. Wir versuchten, sie zu verleiten, nach Hause zu kommen, indem wir zu ihren Lieblingsplätzen fuhren und nach ihr riefen. Gelegentlich kam sie dann, häufiger tat sie es nicht. Manchmal blieb sie

* Ist es ein Zufall, daß ich zwei Jahre später auf meinem Weg nach London im Zoo von Rom ein Löwenpaar bei der Paarung sah, und daß der männliche Löwe als letzte Geste des Begattungsaktes die Löwin in die Stirn biß? Bald danach beobachtete ich das gleiche unter gleichen Umständen im Londoner Zoo.

ohne Nahrung oder Wasser zwei oder drei Tage fort. Wasser gab uns immer noch einen Halt über sie, aber bald war die Regenzeit fällig, und wir erkannten, daß wir dann jede Herrschaft über sie verlieren würden. Daraus ergab sich ein Problem, das wir lösen mußten. Es wurde noch drängender durch die Tatsache, daß unser langer Heimaturlaub im Mai fällig wurde. Elsa war jetzt siebenundzwanzig Monate alt, fast völlig ausgewachsen. Wir hatten immer gewußt, daß wir sie in Isiolo nicht für alle Zeit frei herumlaufen lassen konnten. Unsere ursprüngliche Absicht war gewesen, sie zu ihren Schwestern in den Zoo in Rotterdam zu schicken, und wir hatten sogar schon die erforderlichen Vorkehrungen getroffen für den Fall, daß eine Notlage eintreten sollte. Aber jetzt hatte sie ihre Zukunft in ihre eigenen Tatzen genommen, und ihre letzte Entwicklung war für die Änderung unserer Pläne für sie entscheidend. Weil wir das Glück gehabt hatten, sie in ihrer natürlichen Umgebung großziehen zu können, und weil sie sich im Busch so heimlich zu fühlen schien und von den wilden Tieren anerkannt wurde, kamen wir zu der Ansicht, sie könne sich durchaus als Ausnahme von der Regel erweisen, daß ein als Haustier gehaltenes wildes Tier von seinesgleichen wegen seines menschlichen Geruchs und seiner Unkenntnis des Lebens im Busch getötet wird. Elsa in die Wildnis zurückzuentlassen war ein Experiment, das den Versuch lohnte.

Wir beabsichtigten, uns noch zwei oder drei Wochen bei ihr aufzuhalten, und wenn alles gut ging, unseren großen Urlaub anzutreten. Den großen

Urlaub sollten wir wegen des erforderlichen Klimawechsels außerhalb Kenias verbringen.

Als nächstes mußten wir überlegen, wo wir Elsa freilassen sollten. Unglücklicherweise war die Umgebung von Isiolo viel zu dicht bewohnt, um sie hier wild leben zu lassen. Aber wir kannten ein Gebiet, das den größten Teil des Jahres nicht von Menschen und Viehherden bevölkert wird, sondern in dem es statt dessen reichlich Wild, insbesondere Löwen, gibt.

Wir erhielten die Erlaubnis, Elsa dorthin zu bringen und die notwendigen Vorkehrungen zu treffen. Die Regenzeit konnte jeden Tag anbrechen, deshalb durften wir keine Zeit verlieren, wenn Elsa ihre mögliche zukünftige Heimat noch vor deren Beginn erreichen sollte.

Um in dieses Gebiet zu gelangen, mußten wir dreihundertvierzig Meilen zurücklegen. Die Reiseroute führte über das Hochland und durch das große zerklüftete Tal, ein verhältnismäßig dicht bevölkertes Gebiet, wo viele Europäer Farmen betrieben. Weil wir befürchteten, daß Elsa durch gaffende Mengen und neugierige Afrikaner bei jedem Halt belästigt werden könne, und auch um die Tageshitze zu vermeiden, entschlossen wir uns, bei Nacht zu fahren. Wir bereiteten alles vor, um abends gegen sieben Uhr abzufahren, aber Elsa hatte andere Absichten. Ehe wir losfuhren, machten wir unseren üblichen Spaziergang zu ihrem Lieblingsfelsen auf der anderen Seite des Tales vor unserem Haus. Dort fotografierte ich sie zum letztenmal zu Hause. Sie hatte eine echte Scheu vor der Kamera und haßte es immer, gefilmt oder gezeichnet zu werden. Sobald sie sah, daß einer dieser schrecklichen, glänzenden Kästen auf sie gerichtet wurde, drehte sie regelmäßig den Kopf weg oder bedeckte ihn mit ihren Pranken, oder ging einfach fort. An diesem letzten Tag in Isiolo mußte sie eine Menge durch unsere Leica ertragen und hatte es offensichtlich gründlich satt. So nahm sie schließlich ihre Rache. Als ich die Kamera einen Moment unbeachtet ließ, erhob sie sich, sprang darauf zu und galoppierte mit ihr über die Felsen davon. Wir fürchteten, das sei das Ende unserer kostbaren Leica.

Über eine Stunde versuchten wir alles Erdenkliche, um sie zu retten, aber bei jedem neuen Trick, den wir zu diesem Zweck erdachten, schüttelte sie den Apparat nur herausfordernder zwischen ihren Zähnen oder kaute daran, während sie ihn fest zwischen ihren Pranken hielt. Schließlich eroberten wir sie doch zurück, und wie durch ein Wunder war sie nicht schwer beschädigt.

Inzwischen war es Zeit, nach Hause zurückzukehren und die weite Reise anzutreten. Aber gerade dann setzte sich Elsa auf einen Felsen und blickte in der nachdenklichen Art der Löwen über das Tal und war durch nichts von der Stelle zu bewegen. Offensichtlich hatte sie nicht die Absicht, nach Hause zu gehen, und erwartete, daß der Wagen für sie gebracht wurde. Damit waren alle Hoffnungen auf eine frühe Abfahrt endgültig durchkreuzt. George ging nach Hause, holte den Wagen und kam an den Fuß des Hügels zurück, wo wir Elsa zurückgelassen hatten, aber Elsa war nicht mehr dort und hatte sich anscheinend auf ihren Abendspaziergang begeben. Er rief nach ihr, bekam aber keine Antwort. Erst um elf in der Nacht tauchte sie wieder auf, sprang auf das Dach des Landrovers und gestattete, daß sie nach Hause gefahren wurde.

Siebtes Kapitel

Die erste Freilassung

Mitternacht war vorbei, als wir Elsa schließlich sicher in ihrem Reisekäfig hatten und abfuhren. In der Hoffnung, ihr die Fahrt zu erleichtern, hatte ich ihr ein Beruhigungsmittel gegeben. Der Tierarzt hatte uns gesagt, die Droge sei harmlos und ihre Wirkung würde etwa acht Stunden anhalten. Um Elsa jede mögliche moralische Unterstützung zu geben, fuhr ich mit ihr auf dem offenen Lastwagen.

Während der Nacht durchquerten wir ein Gebiet, das über zweitausendfünfhundert Meter über der Meereshöhe liegt, und es war eisig kalt. Unter der Wirkung des Beruhigungsmittels war Elsa nur halb bei Bewußtsein. Doch selbst in diesem Zustand streckte sie alle paar Minuten ihre Pranken zwischen den Stäben des Käfigs hindurch, um sich zu vergewissern, daß ich noch da sei. Wir brauchten siebzehn Stunden, um unseren Bestimmungsort zu erreichen. Die Wirkung der Droge erschöpfte sich erst eine Stunde nach unserer Ankunft. Während dieser achtzehn Stunden war Elsa sehr kalt geworden. Ihr Atem ging langsam, und eine Zeitlang fürchtete ich, sie werde sterben. Glücklicherweise erholte sie sich. Aber diese Erfahrung zeigte uns, daß man mit der Anwendung von Drogen bei Löwen sehr vorsichtig sein muß, denn sie reagieren viel empfindlicher darauf als andere Tiere, und die Wirkung ist bei einzelnen Löwen sehr verschieden. Wir hatten das schon früher beobachtet, als wir alle drei Löwenjungen mit Insektenpulver gepudert hatten. Dem einen bekam es gut, dem anderen wurde übel, und Elsa litt unter schweren Krämpfen.

Es war später Nachmittag, als wir unser Ziel erreichten. Wir wurden von einem Freund in Empfang genommen, der Game Warden in diesem Distrikt ist. Wir schlugen unser Lager an einem herrlichen Platz am Fuß eines dreihundert Meter hohen Abhanges auf, von dem wir eine ausgedehnte Ebene mit offenem Buschland übersahen, durch das ein dunkler Streifen Vegetation den Verlauf eines Flusses abzeichnete. Da wir uns in einer Höhe von sechzehnhundert Metern befanden, war die Luft frisch und klar.

Unmittelbar vor unserem Lagern streckte sich eine offene Grasfläche zur Ebene hin, auf der Herden von Thomsongazellen, Topi, Gnus, Burchellzebras, Pferdeantilopen, Kongoni und ein paar Büffel grasten. Für das Wild war es ein Paradies. Während die Zelte aufgebaut wurden, nahmen wir Elsa auf einen Spaziergang mit, und sie stürzte sich auf die Herden, wußte nicht, welche sie verfolgen sollte, denn die Tiere stoben in alle Richtungen davon. Wie um die Wirkung dieser gespenstigen Fahrt abzuschütteln, verlor sich Elsa unter diesen neuen Spielgefährten, die recht erstaunt waren, einen derart seltsamen Löwen in ihrer Mitte zu finden: einer, der in törichter Weise ohne ein erkennbares Ziel hin und her stürmte. Bald hatte Elsa jedoch genug von ihrer Jagd und trottete zum Lager und zu ihrem Abendessen zurück.

Wir hatten folgenden Plan: Wir wollten Elsa die erste Woche auf dem Dach des Landrovers umherfahren und sie auf diese Weise mit dem neuen Gebiet und seinen Tieren bekannt machen, von denen viele zu Arten gehörten, die nicht im nördlichen Grenzgebiet leben und die sie deshalb noch nie gesehen hatte. Während der zweiten Woche beabsichtigten wir, sie über Nacht zu verlassen, wenn sie den Busch erforschte, und sie am Morgen, wenn sie müde war, zu besuchen und zu füttern. Anschließend wollten wir ihre Mahlzeiten verringern, in der Hoffnung, daß sie das dazu anregen würde, selbst zu jagen oder sich einem wilden Löwen anzuschließen.

Am Morgen nach unserer Ankunft begannen wir mit unserem Programm. Als erstes nahmen wir ihr als Symbol der Freilassung ihr Halsband ab. Elsa sprang auf das Verdeck des Landrovers, und wir fuhren los. Nach ein paar hundert Metern sahen wir eine Löwin, die parallel zu uns bergab lief. Sie kam dicht an vielen Antilopen vorbei, von denen sie aber nicht beachtet wurde, weil die Tiere an dem zielstrebigen Weg der Löwin zweifellos erkannten, daß sie im Augenblick kein Interesse an der Jagd hatte. Wir fuhren näher an die Löwin heran. Elsa verriet große Aufregung, sprang von ihrem Platz herunter, gab leise, klagende Töne von sich und folgte vorsichtig dieser neuen Freundin. Aber sobald die Löwin anhielt und sich umdrehte, versagte ihr Mut, und sie kam, so schnell sie konnte, in die Sicherheit, die ihr der Wagen bot, zurückgerast. Die Löwin setzte ihren zielbewußten Weg fort, und wir entdeckten bald sechs Junge, die bei einem Ameisenhaufen in hohem Gras auf sie warteten.

Wir fuhren weiter und überraschten eine Hyäne, die an einem Knochen nagte. Elsa sprang herunter und hetzte das erschrockene Tier, das gerade noch Zeit hatte, seinen Knochen zu packen und sich davonzumachen. Trotz ihrer Plumpheit entkam die Hyäne, verlor auf der Flucht aber ihren Knochen.

Später kamen wir an zahllosen Herden verschiedenartiger Antilopen vorbei, deren Neugierde durch den Anblick eines Landrovers mit einer Löwin darauf geweckt zu werden schien und die, vorausgesetzt, wir blieben im Wagen und sprachen nicht, es zuließen, daß wir uns ihnen bis auf wenige Meter näherten. Die ganze Zeit beobachtete Elsa aufmerksam, versuchte aber nicht, den Wagen zu verlassen, es sei denn, sie entdeckte ein Tier, das nicht auf der Hut war und den Rücken ihr zugekehrt graste oder kämpfte. Dann sprang sie leise herab, schlich mit dem Bauch dicht über dem Boden vorwärts, nützte jede geringste Dekkung und näherte sich so ihrem Wild. Sobald das Tier jedoch den geringsten Argwohn verriet, erstarrte sie entweder zur Unbeweglichkeit oder, wenn ihr die Situation ein anderes Verhalten angebracht erscheinen ließ, tat sie so, als sei sie nicht interessiert, leckte ihre Pranken, gähnte oder rollte sich sogar auf den Rükken, bis sich das Tier beruhigt hatte. Darauf begann sie sofort wieder anzuschleichen. Aber so geschickt sie sich auch zeigte, sie kam nie nahe genug heran, um ihr Wild schlagen zu können.

Die kleinen Thomsongazellen forderten Elsa in sehr unfairer Weise heraus, wobei sie sich auf das ungeschriebene Gesetz des Busches verließen, daß kein überlegenes Geschöpf ein kleines angreift, es sei denn, um es zu fressen. Sie sind die wahren Kobolde der Ebene, höchst neugierig, und ihre Schwänze stehen keinen Augenblick still. Jetzt forderten sie Elsa heraus, neckten sie und verlangten einfach danach, gejagt zu werden. Aber Elsa zeigte sich nur gelangweilt, ignorierte sie und wies sie voller Würde in ihre Schranken.

Mit Büffeln und Nashörnern standen die Dinge ganz anders. Sie mußten einfach gejagt werden. Eines Tages beobachteten wir von dem Wagen aus, wie ein Büffel über die Ebene trabte. Vielleicht war seine Neugierde geweckt worden, als er einen Löwen auf dem Landrover sah. Elsa sprang schnell zur Erde und begann ihn aus der Deckung eines Gebüsches heraus anzuschleichen. Der Büffel hatte die gleiche Absicht und benutzte dieses Gebüsch ebenfalls als Deckung, aber von der entgegengesetzten Seite aus. Wir warteten und beobachteten, bis wir sahen, daß sie fast aufeinanderstießen. Dann war es der Büffel, der ausriß, und Elsa, die ihn tapfer verfolgte. Bei einer anderen Gelegenheit entdeckte sie von ihrem Platz auf dem Landrover zwei Büffel, die im Busch schliefen. Sofort war sie herunter. Blöken, Brechen von Zweigen und ein wildes Durcheinander folgten. Dann brachen die Büffel durch das Dickicht und galoppierten in verschiedenen Richtungen davon.

Ebenso erwiesen sich Nashörnern für Elsa als höchst verlockend. Eines Tages stießen wir auf eines, das im festen Schlaf, den Kopf in einem Busch verborgen, dastand. Elsa schlich es sehr vorsichtig an, und es gelang ihr fast, mit ihm Nase an Nase zu reiben. Dann erfolgte für das arme Nashorn ein plötzliches Erwachen. Es stieß ein erschrockenes Grunzen aus, vollzog völlig verstört eine Kehrtwendung und schoß in einen nahen Sumpf davon. Dort wühlte es das Wasser auf und überschüttete Elsa mit einem Schauer. Sie plantschte hinter ihm her. In einem Sprühregen hochspritzenden Wassers entschwanden beide unseren Blicken, und es dauerte lange, bis Elsa naß, aber stolz zurückkehrte.

Elsa liebte es, auf Bäume zu klettern, und manchmal, wenn wir sie vergeblich in dem hohen Gras gesucht hatten, fanden wir sie in den Ästen eines Baumes schaukeln. Mehr als einmal hatte sie Schwierigkeiten, wieder auf den Boden zu gelangen. Einmal, nachdem sie verschiedene Möglichkeiten versucht hatte und der Ast, auf dem sie sich befand, sich beunruhigend unter ihrem Gewicht bog, sahen wir ihren Schwanz aus dem Laub herunterhängen. Ihre strampelnden Hinterbeine folgten, bis sie sich schließlich in das Gras, über sechs Meter unter ihr, fallen ließ. Sie war höchst verlegen, daß sie vor Zuschauern ihre Würde eingebüßt hatte, denn obwohl sie es immer genoß, uns zum Lachen zu bringen, wenn sie es beabsichtigte, so haßte sie es, daß man über sie lachte, wenn der Witz auf ihre Kosten ging. Jetzt lief sie schnell von uns fort, und wir ließen ihr Zeit, ihre

Selbstachtung zurückzugewinnen. Als wir später nach ihr suchten, trafen wir sie an, wie sie mit sechs Hyänen Hof hielt. Diese finsteren Geschöpfe saßen im Kreis um sie herum, und ich wurde bei diesem Anblick recht nervös. Wie um ihre frühere Ungeschicklichkeit auf dem Baum wettzumachen, zeigte sie uns jetzt, daß sie diesen Hyänen, die sie langweilten, weit überlegen war. Sie gähnte, streckte sich und kam, die Hyänen ignorierend, zu uns gelaufen. Die Hyänen hoppelten davon, sahen dabei über ihre Schultern zurück, vielleicht über das Erscheinen von Elsas merkwürdigen Freunden überrascht.

Eines Morgens folgten wir kreisenden Geiern und fanden bald darauf einen Löwen mit einem von ihm erbeuteten Zebra. Er riß an dem Fleisch und beachtete uns nicht. Elsa sprang vorsichtig von dem Wagen, miaute ihn an und näherte sich ihm dann vorsichtig, obwohl sie keine Ermunterung von ihm erhalten hatte. Schließlich blickte der Löwe auf und sah Elsa direkt an. Er schien zu sagen: ›Kennst du die Sitte der Löwen nicht? Wie kannst du es wagen, Weib, den Herrn zu stören, der seine Mahlzeit zu sich nimmt? Es ist dir zwar erlaubt, für mich zu jagen, aber nachher hast du zu warten, bis ich meinen Löwenanteil gehabt habe, und kannst dich mit den Resten begnügen.‹ Offensichtlich gefiel der armen Elsa sein Ausdruck gar nicht, und sie kam, so schnell sie konnte, in die Sicherheit des Wagens zurück. Der Herr setzte seine Mahlzeit fort, und wir beobachteten ihn lange Zeit in der Hoffnung, daß Elsa ihren Mut wiedergewinnen würde. Aber nichts konnte sie veranlassen, ihren sicheren Platz noch einmal zu verlassen.

Am nächsten Morgen hatten wir mehr Glück. Bei einem Ameisenhügel sahen wir ein Topi wie einen Posten dastehen und angespannt in eine Richtung spähen. Wir folgten seiner Blickrichtung und entdeckten einen jungen Löwen, der im hohen Gras ruhte und sich sonnte. Es war ein prächtiges, junges, männliches Tier mit einer schönen, blonden Mähne, und Elsa schien sich von ihm angezogen zu fühlen. Gerade der richtige Mann für sie, dachten wir. Wir fuhren bis auf dreißig Meter an ihn heran. Der Löwe sah leicht überrascht aus, als er seine zukünftige Braut oben auf dem Wagen sitzen sah, reagierte aber in freundlicher Weise. Elsa, offensichtlich von Schüchternheit überwältigt, klagte leise, wollte aber nicht von dem Verdeck herunterkommen. Deshalb fuhren wir etwas zurück und überredeten sie, herabzuspringen, verließen sie dann plötzlich und fuhren im Bogen auf die andere Seite des Löwen. Das bedeutete, daß sie an ihm vorbei mußte, wenn sie uns erreichen wollte. Nach langem, schmerzlichem Zögern hatte sie genug Mut gesammelt, um auf den Löwen zuzugehen. Als sie etwa zehn Schritte von ihm entfernt war, legte sie sich mit zurückgelegten Ohren und peitschendem Schwanz nieder. Der Löwe stand auf und näherte sich ihr, ich bin überzeugt, mit den freundlichsten Absichten, aber im letzten Augenblick packte Elsa eine Panik, und sie stürmte zu dem Wagen zurück.

Wir fuhren mit ihr fort, und seltsamerweise direkt in ein Rudel von zwei Löwen und einer Löwin mit ihrer Beute hinein.

Das war tatsächlich ein Glücksfall. Sie mußten ihr

Wild erst ganz kürzlich erlegt haben, denn sie waren so in ihr Mahl vertieft, daß sie, wieviel Elsa auch mit ihnen sprach, ihr nicht die geringste Beachtung schenkten. Schließlich ließen sie von ihrer Beute ab und ihre aufgeblähten Bäuche schwankten hin und her. Elsa verlor keine Zeit, die Überreste des Wildes zu inspizieren. Es war ihre erste Begegnung mit einer wirklichen Jagdbeute. Nichts konnte unseren Absichten gelegener kommen als dieses Mahl, das Löwen beschafft hatten, und dem ihr Geruch noch ganz frisch anhaftete. Nachdem Elsa ihren ausreichenden Anteil zu sich genommen hatte, schleiften wir das Wild zu dem hübschen jungen Löwen, der so freundlich schien. Wir hofften, daß er von Elsa eine günstige Meinung bekomme, wenn sie ihn mit einer Mahlzeit versorgte. Dann ließen wir sie und das Wild in seiner Nähe zurück und fuhren fort. Nach ein paar Stunden fuhren wir wieder los, um festzustellen, was inzwischen geschehen war, begegneten Elsa aber schon auf dem halben Wege zum Lager. Da dieser Löwe aber Interesse an ihr gezeigt hatte, brachten wir sie am Nachmittag zu ihm zurück. Wir fanden ihn an der gleichen Stelle wieder. Elsa sprach von ihrem Lager zu ihm, als ob sie alte Freunde wären, hatte aber offensichtlich nicht die Absicht, den Wagen zu verlassen.

Um sie zu verleiten, ihren Platz aufzugeben, fuhren wir hinter einen Busch, und ich stieg aus, wurde aber beinahe von einer Hyäne überrannt, die aus dem kühlen Schatten des Busches sprang, in dem wir ein frisch geschlagenes junges Zebra fanden, zweifellos die Beute des blonden Löwen. Es war Elsas Fütterzeit, deshalb sprang sie ungeachtet der Folgen vom Wagen herunter auf das Wild zu. Wir nahmen die Gelegenheit wahr, um so schnell, wie wir konnten, fortzufahren, und sie für ihre nächtlichen Abenteuer allein zu lassen. Früh am nächsten Morgen fuhren wir los, um sie zu besuchen, begierig, das Ergebnis des Experiments zu erfahren, und in der Hoffnung, ein glückliches Paar zu finden. Was wir fanden, war die arme Elsa, die an der Stelle wartete, an der wir sie verlassen hatten, aber ohne den Löwen und ohne die Beute.

Sie floß über vor Freude, uns zu sehen, wünschte verzweifelt bei uns zu bleiben und nuckelte wie rasend an meinem Daumen, um sich zu vergewissern, daß zwischen uns alles in Ordnung sei. Ich war sehr unglücklich, daß ich ihre Gefühle verletzt hatte, ohne ihr erklären zu können, daß wir das alles nur zu ihrem eigenen Wohl beabsichtigten. Als sie sich beruhigt hatte und sich sogar sicher genug fühlte, in unserer Gesellschaft zu schlafen, entschlossen wir uns ziemlich bedrückt, ihr Vertrauen wieder zu enttäuschen, und schlichen uns fort.

Bisher hatten wir ihr die Mahlzeiten schon immer zerschnitten vorgelegt, damit sie ihre Nahrung nicht mit lebenden Tieren in Verbindung brachte. Nun mußten wir unsere Methode umkehren. Darum fuhren wir während ihres Mittagsschlafes sechzig Meilen weit, um einen kleinen Bock für sie zu schießen. Wir mußten so weit fahren, weil in der Nähe des Lagers kein Wild geschossen werden durfte. Wir brachten ihr den ganzen Bock und fragten uns, ob sie wohl wissen würde, wie sie ihn aufbrechen sollte, da sie doch keine

Mutter gehabt hatte, bei der sie die richtige Methode hätte lernen können. Wir erkannten bald, daß sie aus Instinkt genau wußte, was sie zu tun hatte. Sie begann am inneren Teil der Hinterbeine, wo die Haut am weichesten ist, zerrte das Gedärm heraus, und nachdem sie diese Delikatesse genossen hatte, vergrub sie den Mageninhalt und bedeckte die Blutspur, wie es alle richtigen Löwen tun. Mit ihren Molaren und mit ihrer rauhen Zunge nagte und schabte sie das Fleisch von den Knochen ab.

Nachdem wir wußten, daß sie das konnte, war es für uns an der Zeit, es ihr zu überlassen, sich ihr Wild selbst zu erjagen. Die Ebene war mit vereinzelt stehenden Gebüschen bedeckt, die ideale Verstecke für Tiere boten. Alles, was die Löwen zu tun brauchten, wenn sie Fleisch wollten, war, in Deckung zu warten, bis sich eine Antilope unter dem Wind näherte, vorzuspringen, und sie hatten ihre Mahlzeit erbeutet.

Wir ließen Elsa jetzt jeweils für zwei oder drei Tage allein, in der Hoffnung, der Hunger würde sie dazu treiben, ihr Wild selbst zu jagen. Aber jedesmal, wenn wir zu ihr zurückkamen, fanden wir sie hungrig auf uns wartend vor. Es war herzzerbrechend, daß wir unser Programm einhalten mußten, während sie offensichtlich nur bei uns und unserer Zuneigung gewiß sein wollte. Das zeigte sie sehr deutlich, indem sie an meinem Daumen nuckelte und uns mit ihren Pranken fest umschlang. Dennoch wußten wir, daß wir zu ihrem eigenen Wohl an unserem Ziel unbeirrt festhalten mußten.

Inzwischen hatten wir erkannt, daß es viel länger

dauern würde, als wir erwartet hatten, bis Elsa so weit war, daß sie wieder frei in der Natur leben konnte. Deshalb baten wir die Regierung, unseren Jahresurlaub für die Durchführung des Experimentes verwenden zu dürfen, und unserem Wunsch wurde sehr entgegenkommend stattgegeben. Nachdem wir diese Erlaubnis erhalten hatten, fühlten wir uns sehr erleichtert, da wir wußten, daß wir nun über die für unsere Aufgabe erforderliche Zeit verfügten.

Wir steigerten die Zahl der Tage, an denen wir Elsa sich selbst überließen, und verstärkten das Dornengehege um unsere Zelte, so daß es stark genug wurde, jeden Löwen draußen zu halten. Das taten wir insbesondere, um Elsa daran zu hindern, uns zu besuchen, wenn sie hungrig war.

Eines Morgens, als wir mit ihr zusammen waren, entdeckten wir einen Löwen, der friedfertig und guter Laune zu sein schien. Sie sprang von dem Wagen, und taktvoll ließen wir das Paar allein. An diesem Abend hörten wir plötzlich Elsas Miauen, während wir vor unseren dornengeschützten Zelten saßen, und ehe wir sie daran hindern konnten, kroch sie durch die Dornenhecke und ließ sich bei uns nieder. Sie blutete aus Wunden, die von Krallen stammten, und war acht Meilen weit gelaufen, weil sie unsere Gesellschaft offensichtlich der des Löwen vorzog.

Das nächste Mal brachten wir sie weiter von unserem Lager fort.

Auf der Fahrt sahen wir zwei Elenantilopenbullen, von denen jeder um fünfzehnhundert Pfund wog, die miteinander kämpften. Elsa sprang sofort vom Wagen herunter und schlich sie an. Zunächst waren die Bullen so von ihrem Kampf in Anspruch genommen, daß sie Elsa nicht bemerkten, aber als sie ihre Anwesenheit entdeckten, entkam sie knapp einem wilden Ausschlagen der Bullen. Sie brachen ihren Kampf ab, und Elsa hetzte sie ein kurzes Stück, bis sie schließlich sehr stolz zurückkam.

Bald danach trafen wir auf zwei junge Löwen, die auf freiem Felde im Gras lagerten. Uns erschienen sie als ideale Gefährten für Elsa. Aber inzwischen war sie gegenüber unseren Tricks sehr mißtrauisch geworden und wollte den Wagen nicht verlassen, obwohl sie sich sehr aufgeregt mit den beiden unterhielt. Da wir keine Möglichkeit hatten, sie von dem Wagen herunterzubekommen, mußten wir diese Gelegenheit vorübergehen lassen, bis wir auf zwei kämpfende Thomsongazellen stießen. Ihr Anblick veranlaßte Elsa, abzuspringen. Wir fuhren schnell davon und ließen sie zurück, damit sie mehr über das Leben in der Wildnis lerne.

Wir warteten fast eine Woche, ehe wir zu ihr zurückkehrten. Wir fanden sie auf uns wartend und sehr hungrig vor. Sie war voller Zuneigung, und obwohl wir sie so oft hintergangen, ihr Vertrauen in uns getäuscht und soviel getan hatten, ihren Glauben an uns zu erschüttern, blieb sie uns treu und ergeben. Wir legten ihr Fleisch hin, das wir mitgebracht hatten, und sie begann sofort zu fressen. Plötzlich hörten wir ein unverkennbares Knurren und sahen gleich darauf zwei Löwen auf uns zutraben. Offensichtlich waren sie auf der Jagd und hatten wahrscheinlich das Fleisch gewittert. Sie näherten sich sehr schnell. Die arme

Elsa erkannte die Situation sofort, sprang so schnell sie konnte fort und ließ ihre kostbare Mahlzeit im Stich. Sofort erschien ein kleiner Schakal, der sich bis dahin im Gras versteckt gehalten haben mußte. Er verlor keine Zeit und nahm seine Chance wahr. Happen um Happen biß er von Elsas Fleisch ab, weil er wußte, daß sein Glück nicht lange dauern werde. Das erwies sich als richtig, denn der eine der Löwen näherte sich ihm unaufhaltsam mit drohendem Grollen. Aber Fleisch war Fleisch, und der kleine Schakal ließ sich nicht so schnell verscheuchen. Er hielt an seinem Besitz fest und biß so viele Happen ab, wie er konnte, bis der Löwe ihn fast erreichte. Selbst dann versuchte er noch, mit unglaubwürdigem Schneid seine Mahlzeit zu retten. Aber Größe setzte sich in diesem Fall gegenüber Mut durch, und der Löwe blieb Sieger. Elsa beobachtete die Szene von weitem und sah zu, wie ihr die erste Mahlzeit nach so vielen Tagen fortgenommen wurde. Unter diesen Umständen erschien es grausam, daß sich die beiden Löwen für nichts anderes als Fressen interessierten und sie völlig ignorierten. Um sie über ihre Enttäuschung zu trösten, nahmen wir sie mit ins Lager.

Während wir im Lager waren, erhielten wir verschiedene Besuche. Spät an einem Vormittag fuhr ein Landrover mit einem katholischen Missionar und einer in Kenia angesehenen Persönlichkeit mit ihrem jungen Sohn vor. Sie waren gekommen, um sich das Wild anzusehen. George bat sie, näherzutreten, und war gerade dabei, ihnen zu erklären, daß wir in unserem Lager eine zahme Löwin hätten, als Elsa, die den

Wagen gehört hatte, neugierig und voll freundschaftlicher Anteilnahme angestürmt kam. In ihrer üblichen wohlerzogenen Weise näherte sie sich den Besuchern, um sie zu begrüßen. Um es milde auszudrücken, sie waren ein bißchen erschrocken, besonders der Pater, aber ich muß ihnen zugestehen, daß sie Haltung bewahrten. Als Elsa dann ihren Pflichten nachgekommen war, legte sie sich neben dem Tisch nieder und schlief.

Dann kam ein Schweizer Paar, das gehört hatte, wir hätten ein Löwenjunges bei uns, um es sich anzusehen. Ich vermute, daß sie sich darunter ein kleines Tier vorgestellt hatten, das man auf die Arme nehmen und an sich drücken konnte, aber als sie Elsa mit ihren etwa dreihundert Pfund auf dem Verdeck des Landrovers liegen sahen, wurden sie zurückhaltend, und es dauerte einige Zeit, ehe wir sie überreden konnten, aus ihrem Wagen auszusteigen und mit uns zu Mittag zu essen. Elsa war die Höflichkeit selbst, hieß die Fremden willkommen und fegte nur einmal mit ihrem Schwanz den Tisch leer. Danach konnten unsere Besucher gar nicht genug von ihr bekommen und ließen sich mit ihr von allen Seiten fotografieren.

Wir befanden uns jetzt vier Wochen im Lager, und obwohl Elsa den größten Teil der letzten vierzehn Tage im Busch zugebracht hatte, hatte sie noch nicht begonnen, sich ihr Wild selbst zu erlegen. Inzwischen hatte die Regenzeit eingesetzt, und jeden Nachmittag fielen starke Schauer. Die Verhältnisse in diesem Gebiet unterschieden sich sehr von denen bei Isiolo. Einmal war es hier viel kälter, und ferner ist der

Boden bei Isiolo sandig und trocknet innerhalb weniger Stunden auf, während die schwarze Baumwollerde hier sich nach dem Regen in einen Morast verwandelte. Außerdem ist das Land mit hüfthohem Gras bedeckt, das wochenlang verhindert, daß der Boden austrocknet. Zu Hause hatte Elsa den Regen genossen und war von ihm belebt und angeregt worden. Aber hier fühlte sie sich recht elend.

Während einer Nacht regnete es ununterbrochen sehr stark. Vor Tagesanbruch waren mindestens zwölf Zentimeter Regen gefallen, und das Land war überschwemmt. Am Morgen wateten wir durch knietiefen Schlamm, und wir begegneten Elsa schon auf dem halben Wege zum Lager. Sie sah so unglücklich aus und wünschte so verzweifelt, bei uns zu bleiben, daß wir sie mit zurücknahmen. An diesem Abend hörten wir plötzlich entsetztes Galoppieren, auf das Stille folgte. Welches Drama spielte sich draußen ab? Gleich darauf erklang das hysterische Kichern von Hyänen, in das sich das grelle Bellen von Schakalen mischte, die aber bald durch das Brüllen von mindestens drei Löwen zum Schweigen gebracht wurden. Wir erkannten, daß sie unmittelbar vor dem Lager ihre Beute erlegt haben mußten. Welche Chance für Elsa! Aber während wir fasziniert auf den grandiosen Chor der schrillen, durchdringenden Stakkatoschreie, die von tiefem gutturalem Knurren unterbrochen wurden, lauschten, rieb Elsa ihren Kopf an uns und zeigte, wie froh sie war, in unserer Gesellschaft innerhalb des Dornengeheges zu sein.

Nach ein paar Tagen wurde der Regen stärker, und

wir versuchten von neuem, aus Elsa eine wilde Löwin zu machen. Aber sie war so mißtrauisch geworden, wieder allein gelassen zu werden, daß wir große Schwierigkeiten hatten, sie zu verleiten, uns in die Ebene zu folgen.

Schließlich begleitete sie uns doch, und wir begegneten zwei Löwinnen, die schnell auf unseren Wagen zukamen, aber Elsa zog sich hastig vor ihnen zurück und erschien nervöser denn je. Es war offensichtlich, daß sie sich vor den Löwen dieser Gegend fürchtete, darum beschlossen wir, sie nicht weiter zu dem Versuch zu zwingen, sich mit ihnen anzufreunden, sondern zu warten, bis sie wieder heiß wurde. Vielleicht würde sie sich dann selbst aus Zuneigung ihren Gefährten wählen, der sich auch von ihr angezogen fühlte.

Inzwischen konzentrierten wir unsere Bemühungen darauf, sie zu unterrichten, sich ihr Wild selbst zu erlegen und auf diese Weise unabhängig von uns zu werden. Wenn sie jagen konnte, würde sie auch eine geeignetere Gefährtin für einen Löwen sein, falls sie sich entschloß, sich einem anzuschließen. Die Ebene stand noch unter Wasser, und der größte Teil des Wildes hatte sich auf die paar Strecken etwas höher gelegenen Bodens zurückgezogen, wo es trockener war. Elsa liebte einen kleinen Hügel, der von Felsen übersät war, und deshalb wählten wir diesen Ort als ihr provisorisches Standquartier. Ungünstigerweise lag die Stelle nur acht Meilen von unserem Lager entfernt. Es wäre besser gewesen, wir hätten sie weiter fortgebracht, aber unter den herrschenden Wetterverhältnissen war das nicht durchführbar.

Wir ließen Elsa eine Woche auf ihrem Hügel. Aber als wir zurückkehrten, sah sie so unglücklich aus, daß es meiner ganzen Willenskraft bedurfte, mich dazu durchzuringen, mit ihrer Schulung fortzufahren. Wir saßen während ihrer Mittagsruhe bei ihr, bis sie mit ihrem Kopf auf meinem Schoß einschlief. Plötzlich ertönte aus dem Busch hinter uns ein erschreckendes Krachen, und ein Nashorn erschien. Wir sprangen blitzschnell auf, und während ich hinter einem Baum Deckung suchte, griff Elsa den Eindringling tapfer an und vertrieb ihn. In höchst unfairer Weise verließen wir sie während ihrer Abwesenheit wieder.

Spät an diesem Nachmittag wurde die Feuchtigkeit in der Atmosphäre drückend, und die untergehende Sonne hob sich eindrucksvoll vor einem dunkelroten Wolkenvorhang ab, der aus einem grauen, von Bruchstücken parallel verlaufender Regenbogen durchbrochenen Himmel herunterhing. Dieses Kaleidoskop leuchtender Farben veränderte sich schnell zu drohenden, regenbeladenen, düsteren Wolken, die schließlich als eine finstere Masse vor uns aufragten. Alles war in angespannter Erwartung, daß das Firmament bersten würde.

Dann fielen ein paar schwere Tropfen wie Blei zur Erde, und nun, als ob Riesenhände den Himmel aufgerissen hätten, ergoß sich eine Sintflut mit derart stürmischer Gewalt herunter, daß sich unser Lager bald mitten in einem reißenden Strom befand. Die Flut hielt stundenlang an. Ich stellte mir die arme Elsa allein in dieser eisigen Nacht vor, durchnäßt, schaudernd und elend. Donner und Blitz machten alles noch unheimlicher. Am nächsten Morgen wateten wir die acht Meilen zu der Anhöhe, wo wir sie verlassen hatten. Wie üblich wartete sie auf uns, war überglücklich uns zu sehen, und begrüßte uns, indem sie wiederholt ihren Kopf und ihren Körper abwechselnd an uns rieb und ihr Klagen ausstieß. Heute bestand kein Zweifel, daß sie tief unglücklich war und tatsächlich fast weinte. Wir kamen zu der Überzeugung, daß wir sie bei diesem Wetter nicht draußen lassen konnten, wenn dadurch auch ihre Schulung unterbrochen wurde. Im Gegensatz zu den Löwen aus dieser Gegend, die an das Klima gewöhnt waren, stammte sie aus einem Halbwüstengebiet und konnte sich den sehr unterschiedlichen Lebensbedingungen nicht so schnell anpassen. Jetzt war sie froh, daß sie mit uns zurückkommen durfte, spritzte in der ihr aus Isiolo vertrauten Weise durch den Morast und zeigte uns, wie glücklich sie war.

Am nächsten Tage war sie krank. Wenn sie sich bewegte, hatte sie große Schmerzen. Ihre Drüsen waren geschwollen, und sie hatte Fieber. Wir bereiteten ihr ein Grasbett in dem Anbau zu Georges Zelt, und dort lag sie schnaufend, teilnahmslos und bedauernswert. Ich behandelte sie mit ›M und B‹, dem einzigen Medikament, von dem ich glaubte, daß es ihr helfen würde. Sie wollte, daß ich die ganze Zeit bei ihr bliebe, was ich natürlich auch tat.

Die Regenzeit hatte jetzt voll eingesetzt, in der sich selbst ein Wagen mit Vierradantrieb nicht bis zu dem nächsten Ort hindurchpflügen konnte, wo die Möglichkeit bestand, Blutproben mikroskopisch zu untersuchen. Deshalb schickten wir einen Läufer mit mehreren Proben über hundert Meilen weit los. Das Untersuchungsergebnis besagte, daß Elsa mit Haken- und Bandwürmern behaftet war. Unter beiden hatte sie schon vorher gelitten, und wir wußten, wie sie behandelt werden mußte. Aber diese Parasiten konnte nicht die Ursache für ihre geschwollenen Drüsen oder ihr Fieber sein. Wir glaubten, daß sie auch durch einen Virus infiziert war, der von Zecken übertragen wird. Falls das zutraf, ließ es darauf schließen, daß ein Tier, das in seiner heimischen Umgebung gegenüber Krankheiten immun ist, diese Immunität gegenüber örtlich verbreiteten Krankheitsträgern nicht behält, wenn es in eine andere Umgebung versetzt wird. Hier könnte eine Erklärung für die oft überraschende Verbreitung der Tierarten in Ostafrika liegen.

Elsa wurde so krank, daß wir eine Zeitlang befürchteten, sie werde sich nicht erholen. Nach einer Woche jedoch begann das Fieber, nur noch zeitweise aufzutreten, und alle drei oder vier Tage stieg ihre Temperatur an, um dann wieder auf normal zurückzugehen. Sie verlor schnell ihre schöne, goldene Farbe, ihr Fell wurde stumpf wie Baumwolle, und sie bekam auf ihrem Rücken viele weiße Haare. Ihr Gesicht wurde aschgrau. Es bereitete ihr Schwierigkeiten, sich aus dem Zelt zu schleppen, um sich in die selten gewordene Sonne zu legen. Das einzig hoffnungsvolle Zeichen war ihr Appetit. Wir gaben ihr soviel Fleisch und Milch, wie sie wollte, obwohl wir beides von weither heranschaffen mußten. Es gelang uns auch, trotz der Transportschwierigkeiten, die sich durch das Wetter ergaben, regelmäßig mit dem tierärztlichen Labor in Nairobi zu korrespondieren, aber in den Proben, die wir hingeschickt hatten, war keine Spur von Parasiten zu finden, und wir mußten sie mehr oder minder auf gut Glück behandeln. Wir gaben ihr Medikamente gegen Hakenwurm und gegen Rickettsia, einen von Zecken übertragenen Parasiten, auf den als mögliche Ursache ihrer Krankheit hingewiesen worden war, aber es war unmöglich, eine Kanüle in eine Drüse einzuführen, um die Flüssigkeit abzunehmen, aus der ihre Krankheit diagnostiziert werden konnte. Wir konnten sie nur so ruhig wie möglich halten und ihr die Zuneigung zeigen, die sie brauchte. Sie war sehr sanft und empfänglich für alles, was wir für sie taten, und sie drückte mich oft mit ihren Pranken an sich, wenn ich meinen Kopf an ihre Schulter legte.

Weil Elsa während ihrer Krankheit in so intimem Umgang mit uns lebte, wurde sie von uns abhängiger und zahmer denn je. Den größten Teil des Tages lag sie quer vor dem Eingang zu unserem Dornengehege in einer strategischen Position, die ihr ermöglichte, alles zu überwachen, was sowohl innerhalb des Lagers als auch außerhalb in der Ebene vor sich ging. Zur Essenszeit war es ihr lieber, daß die Boys über sie hinwegstiegen, wenn sie unser Essen brachten, als daß sie ihnen aus dem Wege ging. Unsere Boys nahmen lachend den Wettkampf im Spießrutenlaufen auf, denn wenn sie mit unseren vollen Suppentellern über Elsa hinwegbalancieren, erhielten sie von ihr einen freundschaftlichen Klaps.

Sie schlief bei George im Zelt. Es stand ihr aber frei,

zu kommen und zu gehen, wie es ihr gefiel. Einmal wurde er mitten in der Nacht von ihren leisen Rufen geweckt und hörte, wie sie versuchte, am hinteren Ende des Zeltes hinauszugelangen. Er setzte sich auf und erkannte am Zelteingang einen Löwen. Da er es für unmöglich hielt, daß Elsa so schnell um das Zelt herumgekommen sein konnte, schaltete er seine Taschenlampe ein und sah eine wilde Löwin, die in den Lichtschein blinzelte. Er schrie sie an, und sie verschwand. Zweifellos hatte sie Elsa gewittert und, durch die Löwenlaute aus dem Zeltinnern in Sicherheit gewiegt, sich entschlossen, der Sache auf den Grund zu gehen.

Inzwischen waren fünf Wochen seit Elsas Erkrankung vergangen, und ihr Zustand hatte sich nur geringfügig gebessert. Es war offensichtlich, daß ihr das Klima in diesem Gebiet nicht bekam, und vielleicht war sie auch gegen die hiesigen Infektionen durch Zecken und Tsetsefliegen, die sich in den einzelnen Gebieten unterscheiden, nicht immun. Außerdem unterschied sie sich in ihrer Erscheinung von den hiesigen Löwen, die viel dunkler waren, längere Schnauzen und größere Ohren hatten und im allgemeinen viel größer waren. Sie gehörte in jeder Weise in die Halbwüste und nicht in das Hochland.* Schließlich bedeutete es auch noch, daß George mit dem Wagen zwanzig Meilen weit fahren mußte, um

* In Kenia gibt es zwei Arten von Löwen: *Felis massaica* ist stumpfgelb mit einer gelben Mähne; *Felis leo somaliensis* ist kleiner, mit größeren Ohren, deutlicher ausgeprägten Flecken und einem längeren Schwanz. – Elsa gehört zu der Art *Felis leo somaliensis*.

Fleisch für sie zu schießen, da wir uns hier in einem Tierschutzgebiet befanden, und ferner, daß er sie nicht mit sich auf die Jagd nehmen und ihr damit Gelegenheit geben konnte, bei der Erlegung dabei zu sein und die Erfahrung zu machen, ein lebendes Tier zu schlagen, was ihre Mutter sie gelehrt hätte, wenn sie wild aufgewachsen wäre. Nachdem wir hier drei Monate gelagert hatten, war es uns also offensichtlich, daß wir nach einer geeigneteren Heimat für sie suchen mußten.

Es war nicht leicht, ein Gebiet zu finden, das das geeignete Klima, ständige Wasservorkommen, genug Wild, um sie mit Nahrung zu versorgen, bot und nicht von Eingeborenen bewohnt oder von Jagdgesellschaften aufgesucht wurde. Außerdem mußte es mit dem Auto gut erreichbar sein.

Schließlich entdeckten wir ein derartiges Paradies und erhielten von der Regierung die Genehmigung, dort die Löwin auszusetzen. Sobald die Regenzeit beendet war, entschlossen wir uns, dort hinzufahren.

Das Lager wurde abgebrochen und alles auf die Wagen verladen, außer Elsa. Sie suchte sich gerade diesen Tag aus, um wieder heiß zu werden, und war in den Busch verschwunden. Gerade darauf hatten wir zweieinhalb Monate gewartet, aber wir wußten, daß wir sie in diesem Gebiet nicht dem Leben in der Wildnis überlassen durften. Während des Tages war kein Zeichen von ihr zu entdecken. Wir suchten sie überall mit dem Landrover und zu Fuß, aber erfolglos. Schließlich wurden wir sehr besorgt, ob sie vielleicht von einer wilden Löwin getötet worden wäre. Aber wir konnten nichts tun, als auf ihre Rückkehr warten. Zwei Tage und zwei Nächte blieb sie fort, von einem kurzen Besuch abgesehen, während dem sie auf uns zugestürmt kam, ihren Kopf gegen unsere Knie rieb, wieder davonschoß, nach wenigen Minuten wieder auftauchte, um sich noch einmal an uns zu reiben, ein zweites Mal davonlief, aber schnell wiederkam, als ob sie uns sagen wollte: ›Ich bin sehr glücklich, aber bitte versteht mich, ich muß einfach gehen. Ich bin nur gekommen, um euch zu sagen, ihr sollt euch keine Sorgen machen.‹ Dann verschwand sie von neuem.*

Als sie schließlich endgültig zurückkehrte, war sie böse zerschunden, blutete aus verschiedenen Kratzwunden und zeigte sich sehr reizbar, als ich versuchte, ihre Wunden zu behandeln. Es erforderte große Geduld, um sie zu veranlassen, auf den Lastwagen zu springen.

So endeten die ersten drei Monate unseres Experiments. Dieses Mal war es uns infolge ihrer Krankheit mißlungen. Wir waren aber zuversichtlich, daß wir bei ausreichender Zeit und Geduld Erfolg haben würden.

* Wir haben uns oft gewundert, warum Elsa, nachdem sie mit einem Löwen zusammengewesen war, während sie heiß war, nie Junge bekam. Später erfuhr ich von einem Fachmann aus einem Zoo, daß während der vier entscheidenden Tage das Männchen das Weibchen mindestens sechs bis acht Mal am Tag begatte und man der Ansicht sei, erst an dem vierten Tage trete die Befruchtung ein. Falls das zutrifft, ist ganz offensichtlich, daß Elsa nie ausreichende Gelegenheit hatte, da die eifersüchtige Löwin über ihr Männchen wachte und wahrscheinlich zu häufige Liebesspiele mit einem Neuling bei dem Rudel nicht duldete.

Achtes Kapitel

Die zweite Freilassung

Jetzt stand uns eine Reise über rund vierhundertvierzig Meilen bevor. Auf manchen Fahrten scheint alles schief zu gehen, und diese Fahrt gehörte dazu. Schon nach zwölf Meilen lief ein Vorderlager an Georges Wagen aus. Ich fuhr zum nächsten Verwaltungsort, der neunzig Meilen entfernt lag, damit ihm ein neues Lager geschickt wurde. Ich mußte dort die Nacht verbringen, während die arme Elsa hinten in meinem Wagen eingesperrt war. Als George das Lager dann erhielt, stellte er fest, daß er keinen Schraubenschlüssel besaß, der groß genug war, aber mit Hammer und Meißel gelang es ihm schließlich, das Lager bis zum Abend auszuwechseln und mir nachzukommen. Während der Nacht und des folgenden Vormittags hatten wir sechs Reifenpannen. Um neun Uhr abends, als wir immer noch zwölf Meilen von unserem Bestimmungsort entfernt waren, begann mein Wagen höchst beunruhigende Geräusche von sich zu geben. Wir hielten an und stellten unsere Feldbetten im Freien auf. Wir waren alle nach einer ununterbrochenen Fahrt von zweiundfünfzig Stunden völlig erschöpft. Elsa hatte sich vorzüglich benommen und nie den geringsten Protest geäußert. Jetzt legte sie sich einfach neben uns nieder und schlief ein. Am nächsten Morgen fürchteten wir, daß wir große Schwierigkeiten haben würden, sie zu überreden, wieder in den Wagen zu gehen, insbesondere, als sie schon davongetrottet war, um den Tag über im dichten Schilf zu liegen, das neben einem kleinen Bach in der Nähe unseres Lagers wuchs. Das Überqueren des Baches versprach, schwierig zu werden, darum entschlossen wir uns, zuerst die Wagen hinüberzubringen und dann Elsa nachzuholen.

Der Landrover kam ohne Schwierigkeiten hinüber, aber mein Wagen blieb stecken und mußte herausgeschleppt werden. Dann überquerten wir zu Fuß den Bach, um zu versuchen, Elsa zu überreden, ihren schattigen Ruheplatz aufzugeben und uns zu den Wagen zu folgen. Sie kam sofort mit und sprang in meinen Wagen, als ob sie wüßte, daß die Reise noch nicht zu Ende sei, und uns behilflich sein wollte. Wir begannen unsere Fahrt durch dichtes Buschland über eine rauhe Wagenspur, die George während des Mau-Mau-Aufstandes geschlagen hatte, als man der Ansicht war, diese abgelegene Gegend sei vielleicht ein willkommener Unterschlupf für Mau-Mau-Banden geworden. Damit waren unsere Abenteuer aber noch nicht vorüber. Ein paar Meilen weiter brach eine Hinterfeder an meinem Wagen. Darum wurde es später Nachmittag, bis wir Elsas neue Heimat erreichten.

Es war wirklich ein Winkel Afrikas, in dem sich die Füchse gute Nacht sagen. Um einen idealen Lageplatz zu erreichen, bahnten George und die Boys eine neue Wagenspur durch den dichten Busch. Sie brauchten vier Tage dazu. Unser endgültiges Lager lag an einem schönen Fluß, der von Kulissen aus Doompalmen, Akazien und Feigenbäumen mit zahlreichen Schlinggewächsen dazwischen gesäumt wurde. Das Wasser schoß schäumend und plätschernd über Schnellen, strömte an schilfbedeckten Inseln vorbei, und weiter abgelegene Wasserarme bildeten viele, von Felsen eingefaßte stille Tümpel mit kühlem, klarem Wasser, die so tief waren, daß viele Fische sich darin aufhielten. Es war ein Paradies für Angler, und George konnte es nicht erwarten, mit seiner Rute loszuziehen.

Diese Gegend unterschied sich sehr von dem Gebiet, das wir verlassen hatten. Hier war es viel wärmer. Es gab keine großen Wildherden, die friedlich auf grasigen Ebenen ästen, nur Dornenbüsche, die die Sicht auf wenige Meter beschränkten, ein Schrecken für den Jäger. Aber der Ort lag nur fünfunddreißig Meilen von Elsas Geburtsplatz entfernt und war die Art Land, die ihren natürlichen Lebensbedingungen entsprach.

Wenn wir das üppige tropische Grün verließen, das auf die Flußufer beschränkt war, spürten wir, wie die intensive Wärme der Sonne uns wie eine Hitzewelle traf. Wir befanden uns in unmittelbarer Nähe des Äquators. Unser Höhenmesser zeigte fünfhundertdreißig Meter Höhe. Durch das dichte, trockene Dornengestrüpp konnte man nur auf dem Netz der Wildpfade weiterkommen. Sie waren auch nützlich, um uns vor Elefanten, Nashörnern und Büffeln zu warnen, deren Spuren und Losung keinen Zweifel daran ließen, daß die Pfade täglich von ihnen begangen wurden. Etwa zweihundert Meter von unserem Lager entfernt lag eine Salzlecke, und viele Eindrücke von Rhinozeroshörnern und Elefantenstoßzähen in dem Salz verrieten uns, daß die Lecke von ihnen häufig aufgesucht wurde. Auch war die Rinde fast jedes Baumes ausreichender Größe von den Elefanten, die ihre Körper dagegen rieben, poliert oder abgescheuert. Aus diesem Grunde war es für Elsa schwierig, ihre täglichen Krallenübungen durchzuführen, da nur noch sehr wenig Bäume mit ausreichend rauher Rinde übriggeblieben waren. Nur die Baobabs, deren riesige purpurgraue Stämme über die niedrigen Dornenbüsche hinausragten, waren unberührt, da ihre glatten Stämme für kein Tier von Nutzen waren.

Die große Attraktion des Ortes war eine hohe Kette rötlicher Felsen mit Klippen und Höhlen, in deren Schatten wir Klippschliefer umherschießen sahen. Sie boten einem Löwen ein ideales Heim mit einem hevorragenden Ausguck. Von ihrem Gipfel beobachteten wir Giraffen, Wasserböcke, kleine Kudus, Giraffenantilopen und Buschböcke, die zum Fluß zogen, der in diesem sonst wasserarmen Halbwüstenland ihre Lebensquelle war.

Entweder infolge unserer Rickettsiabehandlung oder infolge des Klimawechsels besserte sich Elsas Zustand von Tag zu Tag, so daß wir in der Lage waren, ihre Umerziehung wieder aufzunehmen. Jeden Morgen nahmen wir Elsa, sobald es hell wurde, auf einen Gang durch den Busch mit, und am Nachmittag wieder. Diese Spaziergänge, die uns über zahllose Wildpfade und durch ausgetrocknete Wasserläufe führten, waren sehr interessant. Elsa liebte sie. Sie schnüffelte und folgte den Spuren der Tiere, die in der vergangenen Nacht diese Wege gegangen waren, wälzte sich in Elefanten- und Rhinozeroslosung und hetzte Warzenschweine und Dik-Dik-Antilopen. Auch wir waren aufmerksam, untersuchten die Tierspuren, ihr Alter und die Richtung, der sie folgten, von wo der Wind wehte, und hielten Ohren und Augen für verräterische Geräusche und Bewegungen offen. Das war notwendig, weil es einem sonst passieren konnte, unerwartet auf Nashörner, Büffel oder Elefanten zu stoßen, und gerade diese überraschenden Begegnungen auf kurze Entfernung können gefährlich werden.

Hier konnte Elsa im Gegensatz zu dem Gebiet, in dem wir uns zuerst aufgehalten hatten, mit George jagen gehen. Wir hassen es beide, Tiere zu töten, aber jetzt mußten wir im Interesse von Elsas Schulung Opfer bringen, und das Wissen, daß Elsa die Tiere von Natur aus für sich selbst töten müßte, beruhigte unser Gewissen. Je bälder sie es lernte, es richtig selbst zu tun, desto besser war es für alle Betroffenen. Gegenwärtig mußte sie ihre Beute anschleichen, und wenn sie nicht in der Lage war, sie zu erlegen, streckte George das Tier mit einer Kugel nieder und überließ es ihr, dem Wild den Gnadenstoß zu geben. Danach wurde es ihr selbst überlassen, ihre Beute gegen Geier, Hyänen und Löwen zu verteidigen, und auf diese Weise sollte sie diese Tiere unter natürlichen Bedingungen kennenlernen.

Wir hörten mehrere Löwen nahe bei unserem Lager und stießen oft auf ihre Spuren.

Eines Abends kam Elsa von ihrem Lieblingsausguck auf dem Gipfel der Felsen nicht zurück. Es war ein prächtiger Platz, an dem eine kühle Brise wehte und keine Tsetsefliegen sie belästigten, und von wo sie die Tiere unter sich beobachten konnte. Aber da wir uns erst kurze Zeit in diesem Gebiet aufhielten, beunruhigte uns ihr Ausbleiben, und wir begaben uns auf die Suche nach ihr. Inzwischen war die Dunkelheit schon hereingebrochen, der Busch wurde von gefährlichen Tieren belebt, und durch das dichte Gestrüpp zu kriechen, zerrte an unseren Nerven. Aber wir fanden keine Spur von Elsa und kehrten über unseren Mißerfolg niedergeschlagen zurück.

Bei Tagesanbruch nahmen wir unsere Suche wieder auf und stießen bald auf ihre Spuren zusammen mit denen eines großen Löwen. Die Fährten führten zum Flußufer hinunter und erschienen auf der anderen Flußseite wieder. Dort traten auch Felsen aus dem Gelände hervor, und wir nahmen an, daß der Löwe dort vielleicht sein Reich habe und Elsa mit zu seinem Lager genommen habe.

Gegen die Mittagszeit erhob sich unter den Pavianen um unser Lager ein aufgeregtes Geschnatter. Wir hofften, daß es Elsas Rückkehr verkünde, und tatsächlich kam sie bald darauf quer über den Fluß geschwommen. Sie begrüßte uns, rieb ihren Kopf abwechselnd an uns und erzählte uns aufgeregt von ihrem Abenteuer. Wir waren froh, daß wir keine Kratzwunden an ihr entdeckten. Da es erst vierzehn Tage her war, daß sie von einem Löwen in der Nähe unseres alten Lagerplatzes schwer mißhandelt worden war, hofften wir, die Tatsache, daß sie ihren neuen Ausflug freiwillig unternommen hatte, sei ein günstiges Vorzeichen für ihre Freilassung.

Eines Morgens bot ein Wasserbock eine ausgezeichnete Gelegenheit, Elsa beizubringen, wie sie ihr Wild erlegen mußte. George schoß auf ihn, aber noch ehe er fiel, sprang Elsa ihm an die Kehle und verbiß sich wie eine Bulldogge in ihn, bis das Tier nach wenigen Minuten erstickt war. Zum ersten Mal erlebte sie, ein großes Tier von etwa ihrem eigenen Gewicht selbst zu erlegen. Wir sahen jetzt, daß sie die tödlichen Stellen ihrer Beute instinktiv kannte und auch, wie sie ihre Opfer schnell töten konnte, denn sie hatte tatsächlich die normale Methode angewandt, durch die ein Löwe sein Wild erlegt, die nicht darin besteht, wie manche Leute annehmen, daß der Löwe seiner Beute das Genick bricht. Sie fraß erst den Schwanz, und das wurde, wie wir später entdeckten, ihr übliches Vorgehen. Dann riß sie das Tier zwischen den Hinterbeinen auf, fraß das Gedärm, vergrub sorgfältig den Magen und bedeckte alle Blutspuren. Sollte das dazu dienen, die Geier zu täuschen? Dann packte sie den Bock am Nacken, ließ ihn zwischen ihren Vorderpfoten hängen und schleifte ihn an eine strategisch gut gewählte Stelle, in diesem Falle ein schattiges Dickicht in etwa fünfzig Schritt Entfernung. Wir ließen sie dort zurück, um ihre Beute am Tage gegen Geier und nach Einbruch der Dunkelheit gegen Hyänen zu bewachen. Häufig hörte man Geschichten, daß Löwen ihre Beute fortschleppen, indem sie sie über ihren Rücken schwingen. Weder George noch ich haben je gesehen, daß ein Löwe das getan hat, obwohl es richtig ist, daß sie kleine Tiere, wie einen Hund oder einen Hasen, zwischen ihren Zähnen tragen. Dagegen haben wir immer beobachtet, daß Löwen alles größere Wild in der Weise fortschleifen, wie Elsa es bei dieser und jeder späteren Gelegenheit tat.

Um die Teezeit gingen wir wieder zu ihr, um sie zu besuchen, und brachten ihr Wasser. Die Nachmittagsspaziergänge mit uns liebte sie zwar, doch an diesem Tage zeigte sie keine Neigung, ihre Beute zu verlassen. Auch als es dunkel wurde, kam sie nicht zurück, aber gegen drei Uhr morgens wurden wir von einem schweren Wolkenbruch geweckt, und bald darauf erschien sie und verbrachte den Rest der Nacht im Lager.

Früh am Morgen machten wir uns alle auf den Weg, um festzustellen, was aus ihrer Beute geworden war. Natürlich war sie verschwunden, und der Boden war von Löwen- und Hyänenspuren bedeckt. In der Nähe hörten wir ein paar Löwen grollen, und das ließ uns fragen, ob der Regen oder die Löwen Elsa veranlaßt hatten, ihr Wild während der Nacht preiszugeben.

Obwohl Elsas Gesundheit sich außerordentlich gebessert hatte, war sie von ihrem früheren Selbst noch weit entfernt und zog es vor, den größten Teil des Tages im Lager zu bleiben. Um diese Gewohnheit zu brechen und dafür zu sorgen, daß sie sich am Fluß in den kühlen Schatten legte, nahm George sie mit zum Angeln. Aufmerksam wartete sie auf das geringste Kräuseln des Wassers, und sobald er einen Fisch am Haken hatte, sprang sie in den Fluß, gab dem zuckenden Geschöpf den Gnadenstoß und apportierte es. Manchmal hatten wir große Schwierigkeiten, den Haken zu entfernen, ehe sie mit dem Fisch zum Lager zurückgaloppierte. Wenn sie dort ankam, legte sie den Fisch im allgemeinen auf Georges Bett, als wolle sie sagen: »Diese kalte, merkwürdige Beute gehört dir«, und kam dann zurück, um auf den nächsten Fisch zu warten. Dieses neue Spiel machte ihr großen Spaß, und wir mußten etwas anderes erfinden, um sie vom Lager fortzulocken.

Nahe dem Ufer stand ein prachtvoller Baum, dessen Zweige fast das Wasser berührten. Unter seinem grünen Schirm, in seinem kühlen Schatten und gedämpften Licht und vor der brennenden Sonne geschützt, fühlte ich mich fast wie unter einer Kuppel. Von hier aus beobachtete ich, durch die tiefhängenden Zweige gedeckt, viele wilde Tiere: Kleine Kudus und Buschböcke, die an den Fluß zur Tränke kamen, einen hammerköpfigen Storch, der auch seinen Durst löschte, und dann waren da die Paviane. Sie sorgten wirklich für viel Spaß. Als ich dort, mit Elsa neben mir, saß, fühlte ich mich wie an der Schwelle des Paradieses, Mensch und Tier in vertrauensvoller Harmonie, und der langsam fließende Fluß machte das Idyll vollkommen. Ich glaubte, dieser Platz würde ein anregendes ›Studio‹ abgeben, in dem ich malen oder schreiben könne. Also nagelten wir aus ein paar Kisten und einem Holzrahmen einen provisorischen Tisch und eine Bank zusammen, und bald begann ich dort zu arbeiten, wobei ich mich mit dem Rücken gegen den dicken Baumstamm lehnte.

Elsa erhob sich auf ihre Hinterpfoten, um argwöhnisch meinen Malkasten und meine Schreibmaschine zu beschnüffeln. Sie stützte beide Vorderpranken auf mein Arbeitsgerät, leckte mir das Gesicht und wollte meiner Zuneigung versichert sein, ehe sie mich arbeiten ließ. Dann legte sie sich zu meinen Füßen nieder, und voller Inspirationen fing ich an. Aber ich hatte nicht mit unserem Publikum gerechnet. Sobald ich versuchte, mich zu konzentrieren, hörte ich das neugierige Bellen eines Pavians, der durch das Laub spähte. Dann wurde der Busch auf dem gegenüberliegenden Ufer von interessiert beobachtenden Gesichtern belebt. Durch Elsa angelockt, zeigten sie sich mehr und mehr, schwangen sich verwegen von Ast zu Ast, schrien und bellten, glitten hinter den Baumstämmen herunter oder sprangen und schwangen sich wie Schatten in den Baumwipfeln, bis ein kleiner Bursche klatschend in den Fluß fiel. Sofort kam ein alter Pavian zu seiner Rettung, drückte das nasse, strampelnde Geschöpf an sich und raste damit in Sicherheit. Darauf schienen alle Paviane in der Welt losgelassen worden zu sein, und ihr Gekreisch war ohrenbetäubend. Elsa, die den Lärm nicht länger ertragen konnte, sprang in den Fluß und schwamm, begleitet von dem begeisterten Geschrei der Paviane, hinüber. Sobald sie festen Boden erreicht hatte, sprang sie auf den nächsten der kleinen Quälgeister los. Er schaukelte verlockend nahe, entging aber flink ihrem Prankenschlag, indem er auf einen höheren Ast hüpfte, und von diesem sicheren Platz schnitt er Elsa Gesichter und schüttelte einen Zweig vor ihr. Die anderen griffen das Spiel auf, und je wütender Elsa wurde, desto mehr Vergnügen machte es ihnen, sie zu hänseln. Sie blieben einfach außerhalb ihrer Reichweite sitzen, kratzten sich am Hinterteil und taten so, als hätten sie die rasende Löwin direkt unter sich gar nicht bemerkt. Das Bild war so komisch, daß ich trotz Elsas Demütigung meine Filmkamera nahm und die Szene filmte. Das war zuviel für Elsa. Sobald sie sah, daß ich den verhaßten Apparat auf sie richtete, kam sie durch den Fluß zurückgeplanscht, und ehe ich Zeit hatte, die Kamera in Sicherheit zu bringen, sprang sie mich an, und wir rollten beide samt der kostbaren Bolex im Sand. Alles war naß. Die Paviane spendeten unserer Vorstellung begeistert Beifall, und ich fürchte, daß sowohl Elsa als auch ich in den Augen unseres Publikums erheblich an Gesicht verloren hatten.

Danach suchten die Paviane täglich nach Elsa, und beide Seiten lernten sich gegenseitig sehr gut kennen. Da Elsa ihre Herausforderungen ertrug und dazu überging, sie zu ignorieren, wurden sie kühner und kühner. Oft hockten sie zu ihrer täglichen Tränke am Rande der Schnellen, nur durch wenige Meter Wasser von Elsa getrennt. Einer hielt Wache, während die anderen auf ihren Hinterbacken hockten und weit vorgebeugt langsam ihren Durst löschten.

Sie waren nicht die einzigen vorwitzigen, kleinen Tiere, die Elsa belästigten. Zum Beispiel erschien einmal, als wir einen Buschbock zurückbrachten, ein Waran. Diese harmlosen, großen Echsen, die zwischen drei und fünf Fuß lang und vier bis sechs Zoll breit sind, haben gespaltene Zungen. Sie leben in Flüssen und fressen Fische, genießen aber auch Fleisch. Ein Aberglaube besagt, daß sie vor der Annäherung von Krokodilen warnen. Sie fressen Krokodileier und helfen so, das Gleichgewicht in der Natur zu wahren. Diese Echse riskierte es nun, sich ein paar Bissen von Elsas Mahlzeit zu schnappen. Sie versuchte sie zu fangen, aber der Waran war viel zu schnell für sie. So bewachte sie die Beute sicher außerhalb seiner Reichweite und verhinderte dadurch, daß er ihr einen weiteren Brocken stahl. Dieses Verhalten stand im Gegensatz zu ihrer Haltung uns gegenüber. Sie hatte es gern, wenn ich ihr das Fleisch hielt, während sie es zu sich nahm, und ließ zu, daß George und Nuru ihre ›Beute‹ in die Hand nahmen. Wir waren ihr ›Rudel‹, und sie war durchaus bereit, mit uns alles zu teilen, aber sie hatte nicht die Absicht, dem Waran etwas abzugeben. Sie unterschied auch zwischen mir, George und Nuru sowie dem übrigen Personal. Beispielsweise erlaubte sie, daß jeder von uns dreien ihr Fleisch aus dem Zelt holte, aber sie duldete nicht, daß der Koch oder die Boys das taten.

Unser Idyll wäre vollkommen gewesen, wenn Elsa nicht ein Fleischfresser gewesen wäre, den gelehrt werden mußte, zu töten. Unser nächstes Wild war eine Giraffenantilope. Nachdem Elsa ihren Anteil bei der Jagd geleistet hatte, ließen wir sie ein paar Meilen vom Lager entfernt mit der Beute zurück. Auf dem Heimweg entdeckten wir einen Löwen, der sich in ihrer Richtung bewegte. Hatte er die Beute schon gewittert?

Als wir Elsa am Nachmittag besuchten, waren

sowohl sie wie auch das Wild verschwunden, aber zahlreiche große Löwenspuren verrieten uns, was geschehen war. Wir verfolgten ihre Spuren zwei Meilen weit. Sie führten zu ihrem Lieblingsfelsen, auf dem wir sie schließlich mit unseren Ferngläsern entdeckten. Sie war so klug gewesen, die einzige Stelle zu wählen, wo sie sich vor Löwen in Sicherheit fühlte und trotzdem von uns von weitem gesehen werden konnte.

Eines Nachts wurden wir von Brummen und Unruhe von der Salzlecke her geweckt. Ehe wir richtig wach waren, schoß Elsa aus dem Zelt, um ihre Behausung zu schützen. Es folgte noch mehr Grunzen und Unruhe, die nach und nach verklangen. Offenbar hatte Elsa ihre Aufgabe gelöst. Bald darauf kehrte sie keuchend zurück, warf sie neben Georges Bett nieder, legte eine Pranke auf ihn und schien sagen zu wollen: »Jetzt ist alles wieder in Ordnung. Es war nur ein Nashorn.«

Das gleiche tat sie ein paar Nächte später mit einer Elefantenherde. Die überraschten Schreie der Elefanten, die hinter unserem Lager erklangen, genügten, um Elsa zum Handeln zu veranlassen, und glücklicherweise gelang es ihr, die Riesen zu vertreiben. Ihr Trompeten war schreckenerregend. Ich fürchte mich immer vor Elefanten – sie sind das einzige Großwild, vor dem ich wirklich Angst habe. Jetzt konnte ich den Gedanken nicht unterdrücken, wie leicht die Situation hätte umgekehrt werden können: die Elefanten hätten Elsa jagen können, und sie wäre natürlich schutzsuchend zu uns zurückgekommen. George lachte über meine Befürchtungen, aber mir war keineswegs zuversichtlich bei dem Gedanken zumute, sich immer auf das Glück zu verlassen.

Jeden Tag tauchte ein Büffel nahe bei unserem Lager auf, bis er eines Tages eine Jagdbeute wurde. George schoß ihn. Obwohl er längst tot war, bevor Elsa ihn erreichte, wurde sie wild vor Aufregung. Tatsächlich erregte sie dieses tote Wild weit stärker, als ich sie je zuvor bei einer anderen Beute gesehen hatte. Sie fiel wie toll über den toten Büffel her, sprang ihn von allen Seiten an und schlug Purzelbäume über ihn. Aber wie unbeherrscht ihre Bewegungen auch zu sein schienen, sie achtete sorgfältig darauf, außer Reichweite seiner tödlichen Hörner zu bleiben. Schließlich klopfte sie dem Büffel mit ihrer Tatze auf die Nae, um sich zu vergewissern, daß er wirklich tot war.

Georges Absicht, als er dieses große Tier schoß, war hauptsächlich, durch diese Beute wilde Löwen anzulocken. Wir hofften, daß Elsa, wenn sie kämen, sich dem Festessen anschließen und sich mit ihnen anfreunden würde. Um beobachten zu können, was geschah, beschlossen wir, das tote Tier nahe ans Lager zu schleppen und es dann unter Elsas Obhut zurückzulassen. Deshalb gingen wir zurück, um den Wagen zu holen. Als wir wiederkamen, bogen sich die Bäume unter Geiern und Marabus, aber Elsa hielt sie in Schach und saß neben ihrer Beute in der heißen Sonne. Sie war offensichtlich sehr erleichtert, als wir, ihr ›Rudel‹, sie ablösten und ihr ermöglichten, sich zu einem schattigen Busch zurückzuziehen. Aber sobald die Boys begannen, die zolldicke Haut des Büffels aufzuschneiden, konnte sie nicht länger widerstehen und stürzte herbei, um sich zu beteiligen. Als die Boys den Leib des Büffels aufschlitzten, half sie ihnen, zerrte das Gedärm zwischen den geschäftigen Messern hervor und kaute begeistert, direkt unter den Händen der schlachtenden Boys. Wie Spaghettis zog sie die Därme ein und preßte gleichzeitig mit ihren Zähnen dagegen, wodurch sie den unerwünschten Inhalt wie Zahnpasta aus einer Tube herausdrückte. Gutmütig sah sie zu, wie das Tier mit einer Kette an dem Wagen befestigt wurde. Während dann der arme Landrover über das unebene Gelände holperte und den schweren Büffel schleppte, fuhr sie wie üblich auf dem Leinwandverdeck und erhöhte die Last um ihre rund dreihundert Pfund.

Nachdem die Beute mit einer Kette an einem Baum in der Nähe des Lagers befestigt worden war, bewachte Elsa sie während des ganzen folgenden Tages und der ganzen Nacht eifersüchtig. Dem ununterbrochenen Chor der gellend kichernden Hyänen nach zu urteilen, hatte sie während der Dunkelheit sehr viel zu tun, aber als wir am nächsten Morgen zurückkamen, beschützte sie das tote Wild immer noch. Erst dann verließ sie es und gab sehr deutlich zu verstehen, daß wir jetzt an der Reihe seien, darauf aufzupassen, während sie zum Fluß hinuntertrottete. Wir bedeckten die Beute mit Dornengestrüpp zum Schutze gegen die Geier und bewahrten es so für eine weitere nächtliche Lektion in ›Abwehr‹.

Elsa schloß sich unserem üblichen Nachmittagsspaziergang an. Ihr Bauch war vom Büffelfleisch gebläht.

Nach einem kurzen Weg durch den Busch entdeckte sie eine Hyäne, die sich langsam in Richtung auf den Büffel zuschlich. Sofort erstarrte sie, ihre linke Vorderpranke hing gebannt in der Luft. Dann ließ sie sich mit äußerster Vorsicht in eine kriechende Stellung nieder und vermischte sich mit dem strohfarbenen Gras, daß sie fast unsichtbar wurde. Von beherrschter Erregung ergriffen, beobachtete sie, wie die Hyäne friedlich dahinhoppelte, ohne zu ahnen, daß sie beobachtet wurde. Als sie bis auf wenige Meter herangekommen war, stürzte Elsa vor und versetzte ihr einen wohlgezielten Hieb. Mit einem Schrei rollte das Tier auf den Rücken, blieb so liegen und stieß heulende und langgezogene Klagetöne aus. Elsa sah uns an, ruckte in ihrer charakteristischen Weise mit ihrem Kopf in Richtung ihres Opfers, als ob sie sagen wolle: »Und was machen wir jetzt mit ihr?«

Da sie von uns keinerlei Ermutigung erhielt, begann sie ihre Tatzen zu lecken, und das elende Geschöpf da vor ihr schien sie unendlich zu langweilen. Nach und nach faßte sich die Hyäne soweit, bis sie, immer noch protestierend winselnd, davonschleichen konnte.

Bei einer anderen Gelegenheit zeigte sich Elsas Vertrauen zu uns. Eines nachmittags hatten wir sie als Aufsicht bei einem Bock zurückgelassen, den sie und George ein weites Stück vom Lager entfernt erlegt hatten. Da wir wußten, daß sie so weit von uns entfernt nicht die ganze Nacht über bei der Beute bleiben würde, holten wir den Wagen, um ihn näher zum Lager zu bringen. Aber als wir wiederkamen, war

Elsa samt dem Bock verschwunden. Bald darauf erschien sie im Busch und führte uns zu einem Versteck, zu dem sie das Wild während unserer Abwesenheit hingeschleift hatte. Obwohl sie sich sehr freute, uns zu sehen, ließ sie nicht zu, daß wir die Beute zum Wagen brachten, und alle Tricks, die ich auch versuchte, damit sie uns verließ, versagten. Sie wollte sich nicht täuschen lassen. Schließlich manövrierten wir den Wagen vor das erlegte Wild, und ich deutete erst auf den Wagen, dann auf den Bock, dann auf den Wagen und wieder auf den Bock, und versuchte, ihr klarzumachen, daß wir ihre Hilfe wünschten. Sie muß mich verstanden haben, denn plötzlich erhob sie sich, rieb ihren Kopf an meinen Knien und schleppte ihre Beute unter dem Dornenbusch heraus und auf den Wagen zu. Dann versuchte sie, das Wild am Kopf in den Landrover zu heben. Sie erkannte bald, daß sie das von außen nicht fertigbrachte, sprang in den Wagen, packte das Wild von dort am Kopf und zog mit aller Kraft, während wir es hinten anhoben. Als der Bock sicher auf dem Wagen lag, setzte sich Elsa keuchend auf ihn, während George losfuhr. Allerdings stellte sie fest, daß das Rütteln durch den Busch in ihrer verkrampften Stellung alles anderes als bequem war. Darum sprang sie aus dem Wagen heraus und auf das Verdeck hinauf, reckte aber häufig ihren Kopf vor, um zu sehen, ob innen auch alles in Ordnung und die Beute noch da war.

Als wir im Lager ankamen, standen wir vor dem Problem, den Bock wieder von dem Wagen abzuladen, aber diesmal behandelte uns Elsa wie Alliierte und überließ den größten Teil der Mühe uns. Alles half außer mir. Deshalb kam Elsa zu mir, gab mir einen ermutigenden Klaps, als wolle sie sagen: »Wie ist denn das? Willst du nicht den anderen helfen?«

Obwohl wir die Beute ziemlich nahe beim Lager abgeladen hatten, hörten wir bald, wie sie weiter an dem Bock herumzerrte, zweifellos in der Absicht, ihn in unser Zelt zu bringen. Wir verschlossen schnell das Dornengehege und sperrten sie so mit ihrem stinkigen Bock aus. Die arme Elsa. Es war im Zelt soviel sicherer. Nun mußte sie die ganze Nacht damit verbringen, die Beute zu beschützen. Das beste, was sie tun konnte, war, sie vor das Dornengehege zu legen, und das tat sie auch. Die Folge war, daß die Hyänen so nahe an das Lager kamen und so viel Lärm machten, daß Schlafen unmöglich wurde. Schließlich muß Elsa es satt bekommen haben, die zudringlichen Bestien zu vertreiben, denn wir hörten, daß sie den Bock zum Fluß hinunterschleppte und dann mit ihm in das Wasser planschte. Damit waren die Hyänen geschlagen, und sie zogen sich zurück. Wußte Elsa, daß sie ihr nicht durch das Wasser folgen konnten?

Am nächsten Morgen fanden wir ihre Fährte und die Schleifspur, die sie mit dem Bock hinterlassen hatte. Sie führte über den Fluß hinüber, aber dann, so schien es, hatte sie sich nicht von uns trennen wollen und die Beute deshalb auf unsere Seite zurückgeschleift. Hier hatte sie den Bock in einem undurchdringlichen Gebüsch untergebracht, direkt am Ufer, so daß kein Tier an ihn herankonnte, das nicht vom Wasser her kam. Wir fanden sie, wie sie sich bei dem

Bock ausruhte, und sie gab deutlich zu verstehen, daß sie sehr gekränkt sei, weil wir sie ausgesperrt hatten. Es dauerte eine ganze Zeit, bis wir ihr Vertrauen zurückgewannen und sie uns verzieh.

Obwohl Elsa keine Mutter gehabt hatte, die sie unterrichtete, wußte sie aus Instinkt, wieweit sie mit wilden Tieren gehen durfte. Auf unseren Spaziergängen durch den Busch beobachteten wir sie oft, wie sie in der Luft schnüffelte und dann in eine Richtung entschlossen davonschlich, bis wir das Krachen großer Körper hörten, die durch das Unterholz brachen. Bei verschiedenen Gelegenheiten entdeckten wir Nashörner, die sie von uns davonjagte. Sie war ein ausgezeichneter Wachhund.

Mehrere Büffelherden hatten sich bei einer nahegelegenen Hügelkette häuslich niedergelassen, und niemals versäumte Elsa eine Gelegenheit, diese mächtigen Geschöpfe in Unruhe zu versetzen. Mehr als einmal überraschte sie die Tiere im festen Schlaf, schlich um sie herum, wich flink aus der Reichweite ihrer Hörner aus und hielt den Büffeln immer solange stand, bis sie sich zurückzogen.

Eines Morgens gingen wir durch ein trockenes Bachbett und lasen die Neuigkeiten über die Besucher der letzten Nacht im Sand ab. Zwei Löwen und zahlreiche Elefanten waren das Wichtigste. Die Sonne brannte heiß, und nach einem dreistündigen Marsch waren wir alle ermüdet. Der Wind stand gegen uns, und als wir sorglos um eine Ecke bogen, liefen wir fast in eine Elefantenherde hinein. Glücklicherweise trottete Elsa ein kurzes Stück hinter uns her, darum hatten wir Zeit, auf das hohe Ufer hinaufzuspringen, während die Elefanten auf der anderen Seite hinaufkletterten und drei winzige Kälber in Sicherheit brachten, wobei ein alter Bulle, angriffsbereit, falls irgend jemand auf dumme Gedanken kommen sollte, als Nachhut wachte. Elsa kam schläfrig angetrottet, und als sie dann den Bullen sah, setzte sie sich nieder. Wir beobachteten und fragten uns, was wohl geschehen werde. Beide Seiten betrachteten sich, wie uns schien, unendlich lange. Schließlich war es der Elefant, der nachgab und sich seiner Herde anschloß, während Elsa sich auf den Rücken rollte, um ein paar Tsetsefliegen loszuwerden.

Auf dem Rückweg schoß George einen Wasserbock, der im Flußbett stand. Schwer getroffen sprang er auf das andere Ufer davon, von Elsa verfolgt, die unglaublich schnell durch das tiefe Wasser planschte. Als wir am anderen Ufer ankamen, fanden wir sie zwischen Büschen keuchend auf dem toten Bock liegend. Sie war sehr aufgeregt und erlaubte uns nicht, ihre Beute zu berühren. So entschlossen wir uns, zurückzukehren und sie als Bewachung zurückzulassen. Sobald wir begannen, durch das Wasser zurückzuwaten, setzte sie an, uns zu folgen, schien aber von widerstrebenden Empfindungen hin und her gerissen zu werden. Sie wollte nicht auf der falschen Seite des Flusses mit ihrer Beute zurückgelassen werden, wollte sie aber andererseits nicht preisgeben. Schließlich kehrte sie widerwillig zu dem Wasserbock zurück, setzte aber bald darauf noch einmal dazu an, den Fluß zu überqueren, nur, um sich wieder unentschlossen

Linke Seite: Täglich schärft Elsa ihre Krallen

Oben: Elsas Platz bei kurzen Fahrten war das Dach des Landrovers

Oben: Elsa bringt Georges Angelbeute zum Lager

Linke Seite: Rast im Baum – dort oben weht eine frische Brise

Unsere Fährtensucher bieten Elsa einen Katzenfisch an

Die ausgewachsene Löwin Elsa mit George und Makedde

Meine zutrauliche Freundin Elsa

Elsa und George

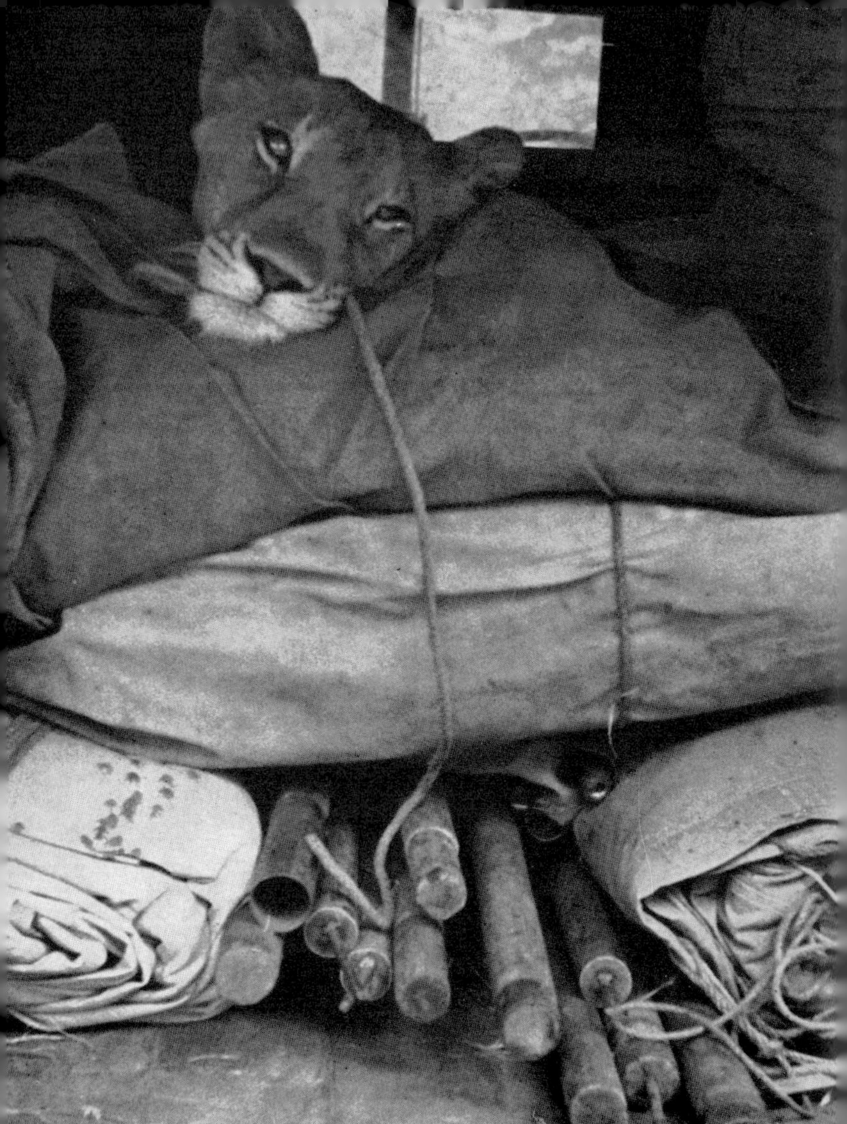

Bei Reisen macht Elsa es sich im Lastwagen bequem

umzudrehen. Als wir aber das gegenüberliegende Ufer erreichten, faßte Elsa ihren endgültigen Entschluß.

Wir sahen jetzt, wie sie den Bock ins Wasser zerrte. Was beabsichtigte sie? Zweifellos konnte sie das schwere Tier nicht allein herüberbringen. Aber Elsa war nicht gewillt, sich geschlagen zu geben. Sie hielt das tote Tier mit den Zähnen und schwamm mit ihm durch das tiefe Wasser, tauchte ihren Kopf oft unter, um es besser zu fassen. Sie zog und zerrte, schob und stieß, und wenn der Bock hängenblieb, packte sie ihn, um ihn loszureißen. Oft verschwanden beide aus unserem Blickfeld, und nur Elsas Schwanz oder ein Bein des Bocks ließ uns erkennen, welcher Kampf sich auf dem Grund des Flusses abspielte. Wir beobachteten sie fasziniert. Nach einer halben Stunde mühsamer Plage zerrte sie ihre Beute stolz durch das seichte Wasser in unserer Nähe. Jetzt war sie wirklich erschöpft, aber ihre Aufgabe war noch nicht beendet. Nachdem sie den Bock in eine kleine geschützte Bucht gezerrt hatte, wo die Strömung ihn nicht forttragen konnte, suchte sie nach einem sicheren Versteck. Hier umgab das Ufer ein solides Netz scharfkantiger, dornenbewehrter Doompalmenschößlinge, die über das Steilufer des Flusses hingen. Nicht einmal Elsa konnte dieses Dickicht durchdringen.

Wir ließen sie mit ihrer Beute zurück und gingen zum Lager, um Buschmesser und Seile zu holen und um zu unserem längst fälligen Frühstück zu kommen. Als wir wieder zum Fluß kamen, schlugen wir einen Weg durch das Doompalmenunterholz zum Ufer, und während Elsa die Männer argwöhnisch beobachtete, legte ich eine Schlinge um den Kopf des toten Bocks. Beim ersten Anziehen knurrte Elsa und legte warnend ihre Ohren zurück. Offensichtlich dachte sie, daß ihr die Beute fortgenommen werden sollte. Aber sobald sie sah, daß ich mich an dem Ziehen beteiligte, beruhigte sie sich und kam das Ufer heraufgeklettert. Unseren gemeinsamen Bemühungen gelang es, den Bock zehn Fuß über den Fluß hinaufzuziehen, wo die Boys einen gut geschützten Platz für Elsa und ihre Beute geschlagen hatten. Jetzt erkannte sie, was wir für sie getan hatten, und es war rührend, zu sehen, wie sie von einem zum anderen ging, an jedem ihren Kopf rieb und einem nach dem anderen mit leisem Klagen dankte.

Bei zwei Gelegenheiten beobachtete ich, wie sie ungerührt durch den breiten Strom schwarzer Kampfameisen lief und deren überlegte Marschordnung nach allen Richtungen durcheinanderbrachte. Obwohl diese raubgierigen Ameisen im allgemeinen über alles herfallen, was sie auf ihrem Marsch stört, übten sie an Elsa aus irgendeinem Grund keine Rache.

Eines Tages waren wir sehr müde, und ich ging geistesabwesend hinter Elsa her. Plötzlich stieß sie ein schreckliches Knurren aus, erhob sich auf die Hinterbeine und sprang zurück. Wir kamen gerade an einem Baum vorbei, der sich fünf Fuß über dem Boden gabelte, und jetzt bemerkte ich, daß sich eine rote Kobra mit aufgeblähter Haube vor uns in dem Baum ringelte. Es war das erste Mal, daß ich eine dieser

Schlangen auf einem Baum fand. Selbst Elsa war von der Begegnung eingeschüchtert, und in den nächsten Tagen machte sie vorsichtig einen Umweg, wenn wir in die Nähe des Baumes kamen. Um diese Zeit war es sehr heiß, und Elsa verbrachte die meiste Zeit im Fluß. Oft stand sie halb untergetaucht in dem kühlen Wasser. Wir sahen zwar häufig Krokodile, aber sie schienen sie nicht zu beunruhigen. Immer, wenn George in der Nähe des Flusses ein Perlhuhn schoß, holte Elsa es aus dem Wasser und nahm seine Bergung als Vorwand, mit dem Vogel zwischen den Zähnen lange herumzuplanschen. Sie hatte an diesem Spiel ebenso viel Vergnügen wie wir beim Zusehen.

Sie hatte sich jetzt gänzlich erholt und war vollkommen gesund. In ihren Gewohnheiten war sie sehr konservativ, und von geringen Abweichungen abgesehen, verliefen unsere Tage stets in der gleichen Weise. Ein früher Morgenspaziergang, dem ein Mittagsschlaf in meiner Nähe oder bei unserem Baum am Flußufer folgte. Er dauerte bis zur Teezeit, dann schloß sich unser Nachmittagsspaziergang an. Bei unserer Rückkehr fand sie ihre Mahlzeit schon vor. Im allgemeinen trug sie ihr Fleisch auf das Verdeck des Landrovers, wo sie blieb, bis die Lichter gelöscht wurden und alles schlafen ging. Dann begab sie sich zu George in sein Zelt, schlief neben seinem Bett auf dem Boden, wobei sie ihn stets mit einer Pranke berührte.

Eines Nachmittags weigerte Elsa sich, mit spazieren zu kommen. Als wir nach Einbruch der Dunkelheit zurückkehrten, war sie verschwunden und kam erst früh am nächsten Morgen wieder. Später fanden wir große Löwenspuren nahe dem Lager, und als sie zurückkam, bemerkte ich wieder den eigenartigen Geruch, den sie immer ausströmte, wenn sie heiß war. Ihr Verhalten gab einen weiteren Hinweis auf ihren Zustand. Sie zeigte sich zwar sehr freundlich, aber es fehlte die wirkliche Wärme. Bald nach dem Frühstück zog sie wieder los und blieb den ganzen Tag fort. Kurz nach Einbruch der Dunkelheit hörten wir sie auf das Verdeck des Landrovers springen, und ich ging sofort zu ihr hinaus, um mit ihr zu spielen. Aber sie war unzugänglich und sehr ruhelos, sprang wieder herunter und verschwand in der Dunkelheit. Während der Nacht hörte ich sie im Fluß planschen, begleitet von dem aufgeregten Gekreisch der aufgestörten Paviane. Das dauerte bis zum frühen Morgen. Dann kam Elsa zu einem kurzen Besuch in das Lager zurück, duldete schnurrend, daß George ihr den Kopf tätschelte, und begab sich wieder fort. Ganz offensichtlich war sie verliebt.

Wir wußten jetzt aus Erfahrung, daß diese Periode etwa vier Tage dauerte. Im Gegensatz zu den Verhältnissen in unserem ersten Lager begünstigte hier alles die Möglichkeit, sie in ihre natürlichen Lebensverhältnisse zurückzuführen. Der richtige Augenblick schien gekommen zu sein, und wir entschlossen uns, uns für eine Woche taktvoll zurückzuziehen und sie sich selbst zu überlassen – wie wir hofften, in Gesellschaft eines Gefährten. Wir mußten schnell handeln, um zu vermeiden, daß sie unsere Abreise bemerkte.

Während wir zusammenpackten, kehrte Elsa zurück. Deshalb vereinbarten wir, daß George das

Lager abbrechen, mit den beladenen Wagen etwa eine Meile weit fortfahren und mir Nachricht geben sollte, wenn alles soweit war, während ich in dieser Zeit bei Elsa blieb, um sie abzulenken.

Ich führte Elsa von dem Lager fort zu unserem Baum. Sollte es das letzte Mal sein, daß wir zusammen waren? Sie merkte, daß irgend etwas nicht stimmte. Obwohl ich versuchte, alles normal erscheinen zu lassen, obwohl ich die Schreibmaschine mitgenommen hatte und das ihr vertraute tippende Geräusch machte, um ihren Verdacht einzuschläfern, schien ihr alles nicht recht geheuer, und auch ich konnte nicht richtig arbeiten, denn meine Gedanken nahmen mich zu sehr in Anspruch. Obwohl wir uns auf diese Freilassung vorbereitet hatten und hofften, daß sie Elsa eine glücklichere Zukunft geben würde, als ein Leben in der Gefangenschaft, sah nun alles ganz anders aus, als es dazu kam, die Trennung zu vollziehen, das Band unserer Zuneigung zu ihr tatsächlich zu durchtrennen und sie, die Mögilchkeit vor Augen, daß wir sie nie wiedersahen, zu verlassen. Elsa mußte meine Empfindungen gespürt haben, denn sie rieb ihren seidigen Kopf an mir.

Der Fluß strömte langsam vor uns vorbei, wie er gestern geströmt war und morgen wieder strömen würde. Ein Nashornvogel rief, ein paar welke Blätter flatterten von dem Baum und wurden von dem Wasser fortgetragen. Elsa war ein Teil dieses Lebens. Sie gehörte in die Natur, nicht zu den Menschen. Wir waren Menschen, und wir liebten sie und hatten sie aufgezogen, uns zu lieben. Würde sie alles, was ihr bis zu diesem Morgen vertraut gewesen war, vergessen können? Würde sie jagen, wenn sie Hunger bekam? Oder würde sie vertrauensvoll auf unsere Rückkehr warten, wohl wissend, daß wir sie bisher nie im Stich gelassen hatten? Ich hatte ihr gerade einen Kuß gegeben, um sie meiner Zuneigung zu vergewissern, und ihr das Gefühl der Sicherheit zu geben, aber war es ein Judaskuß? Wie konnte sie wissen, daß es die ganze Kraft meiner Liebe für sie kostete, sie jetzt zu verlassen und der Natur zurückzugeben – sie lernen zu lassen, allein zu leben, bis sie ihr Rudel finden könne – ihr wirkliches Rudel?

Nuru kam und rief mich fort. Er hatte Fleisch mitgebracht, und Elsa folgte ihm vertrauensvoll in das Schilf und begann zu fressen. Dann stahlen wir uns davon.

Neuntes Kapitel

Die Bewährungsprobe

Wir fuhren zehn Meilen weit zu einem anderen Fluß, der schmäler, aber viel tiefer war als der, den wir verlassen hatten. Hier beabsichtigten wir, eine Woche zu verbringen. Spät am Nachmittag schlenderten George und ich an seinem Ufer entlang. Wir schwiegen beide, unsere Gedanken weilten bei Elsa. Ich war mir schmerzlich bewußt, wie abhängig ich von ihr geworden war, wie sehr ich fast drei Jahre lang mein Leben auf das der Löwin eingestellt, ihre Empfindungen, Interessen und Reaktionen geteilt hatte. Wir hatten so vertraut zusammen gelebt, daß die Trennung unerträglich schien. Jetzt, als keine Elsa an meiner Seite ging, ihren Kopf an mir rieb und mich ihr weiches Fell und ihren warmen Körper spüren ließ, fühlte ich mich verzweifelt einsam. Natürlich bestand die Hoffnung, daß ich sie in einer Woche wiedersehen würde. Das bedeutete mir sehr viel.

Plötzlich blieb George stehen, deutete nach vorn, und wir ließen uns zu Boden sinken. Ein kleines Kudu kam auf uns zu, naschte anmutig an den frischen Knospen des Unterholzes. Dann unterbrach es sein Äsen, hob den Kopf und spähte vorsichtig beobachtend umher, instinktiv auf jeden sich regenden

Schatten oder sich bewegenden Zweig wachend. Obgleich wir gut versteckt waren und der Wind in der richtigen Richtung stand, fragte ich mich, ob das Tier unsere Anwesenheit gespürt habe, oder war es seine natürliche, angeborene Furcht vor Gefahr, die dieses schöne Geschöpf ständig auf der Hut sein ließ? Seine vollkommenen Proportionen, die delikate Zeichnung, die weißen Streifen und das prachtvoll geformte Gehörn machten diese Antilope zu einem der Meisterwerke der Natur. Wir beobachteten das Kudu mit unermeßlicher Freude, wie es von Busch zu Busch weiteräste, bis es schließlich verschwand.

Als nächstes hörten wir ein Geräusch vom Fluß her, und als wir uns vorsichtig näherten, sahen wir ein Nilpferd mit seinem Jungen, die in der üppigen Vegetation am anderen Ufer ästen. Die Sonne war noch zu warm, als daß sie das kühle Wasser verließen, deshalb blieben sie behaglich halb untergetaucht, während sie geräuschlos ihr Futter kauten. Nach der Flußtiefe zu urteilen, mußten sie sich auf ihren Hinterbeinen erhoben haben, während sie sich langsam seitlich am Ufer entlang weiterbewegten, von dem saftiges Laub zum Wasser herabhing.

Wir beobachteten diese friedliche Szene andächtig, aber mein Herz war bei Elsa. Dann bemerkte ich auf dem anderen Ufer einen Elefanten, der nur durch wenige Meter Wasser von uns getrennt war. Es war das Leittier einer kleinen Herde, die sich jetzt so geräuschlos wie Gespenster den Schnellen auf der anderen Flußseite näherte. Die Lücke in dem felsigen Ufer war schmal, und die Elefanten mußten einer nach dem anderen trinken. Sie tauchten ihren Rüssel wiederholt ins Wasser und zogen es in langen Zügen ein. Wenn ein Elefant seinen Durst gestillt hatte, trat er vorsichtig zurück, um dem nächsten durstigen Tier Platz zu machen. Inzwischen drängte sich die Herde eng um zwei winzige Kälber zusammen und schützte sie durch ihre Körper vor jeder Gefahr, die von außen drohen mochte.

Die Sonne sank, ihr warmes Licht reflektierte auf den schimmernden Wedeln der Doompalmen, deren Wipfel sie mit einem goldenen Glanz überzog.

Wieder dachte ich an Elsa – in welch schöne Welt war sie doch hineingeboren. Wie schwer mich ihr Verlust auch treffen mochte, wir mußten jetzt unser Äußerstes versuchen, sie in dieses Leben zurückzuführen und vor einem Gefangenendasein zu bewahren, das sie um alles berauben würde, was die Natur ihr zugedacht hatte. Obwohl bisher kein Fall bekannt war, daß einem von Menschen aufgezogenen Löwen erfolgreich die Freiheit wiedergegeben worden sei, hofften wir immer noch, Elsa würde dazu fähig sein, sich dem Leben in der Wildnis anzupassen, einem Leben, dem sie immer sehr nahe gewesen war.

Schließlich ging diese Woche ängstlichen Wartens vorbei, und wir fuhren zurück, um zu sehen, wie Elsa ihre Probe bestanden hatte.

Als wir bei unserem ersten Lager ankamen, suchten wir sofort nach ihren Spuren. Es waren keine zu entdecken. Ich begann nach ihr zu rufen. Bald darauf hörten wir das vertraute ›Hnk-hnk-hnk‹ und sahen sie, so schnell sie konnte, vom Fluß herangetrottet kommen. Ihre Begrüßung zeigte uns, daß sie uns ebensosehr vermißt hatte, wie wir sie, und ihr Reiben und Miauen rühte uns tief. Wir hatten ihr einen Bock mitgebracht, aber sie warf kaum einen Blick darauf und setzte ihre Begrüßung fort. Sobald die erste große Freude sich etwas beruhigt hatte, untersuchte ich ihren Bauch. Er war voll. Sie mußte kürzlich gefressen haben. Das nahm mir eine große Sorge von der Seele, denn es bedeutete, daß Elsa jetzt sicher war. Sie hatte bewiesen, daß sie für sich selbst sorgen konnte und von uns unabhängig war, zumindest soweit es ihre Ernährung betraf.

Während unsere Zelte aufgerichtet wurden, nahm ich sie mit zum Fluß, wo wir uns zusammen hinlegten. Ich war jetzt glücklich. Meine Befürchtungen waren verschwunden, und ich glaubte zuversichtlich, daß Elsas Zukunft gesichert sei. Sie muß das Gleiche empfunden haben, denn sie legte ihre große, weiche Pranke auf mich und schlummerte ein. Ich wurde davon geweckt, daß sie den Kopf hob und nach einem Buschbock, dessen rötliches Fell durch das Laub am gegenüberliegenden Ufer schimmerte, aussah. Elsa beobachtete uninteressiert, wie die Antilope, ohne unsere Anwesenheit zu bemerken, langsam am Ufer entlangschritt. Wie glücklich Elsa im Augenblick auch sein mochte, ich wußte, daß ihr geringes Interesse an dem Bock zum Teil auf ihren gefüllten Magen zurückzuführen war. Was hatte sie gefressen? Ein paar kleine Vervetaffen beobachteten uns still durch die Bäume, aber wo waren unsere geräuschvollen Freunde, die sonst immer anwesenden Paviane? Später wurden meine Befürchtungen über ihre erste Beute bestätigt, denn wir fanden Flocken von Pavianhaaren nahe ihrem Trinkplatz, wo sie Elsa oft geneckt hatten.

Nachdem wir unserer Sorgen um Elsas Zukunft enthoben waren, beschlossen wir, uns noch für eine kurze Zeit an ihrer Gesellschaft zu erfreuen und zu warten, bis sich für den endgültigen Abschied eine günstige Gelegenheit ergab, die nicht allzu schmerzlich sein würde. Wir nahmen unser altes Leben wieder auf. Obwohl Elsa uns selten aus den Augen ließ, hielten wir es für ein günstiges Vorzeichen, daß sie weiterhin ihrem Jagdinstinkt folgte und uns manchmal auf unseren Spaziergängen für eine Stunde verließ.

Das Land war sehr trocken geworden, und oft war der Himmel von einem Grasbrand gerötet. In den nächsten zwei oder drei Wochen war die kleine Regenzeit fällig, und der ausgedörrte Boden dürstete nach der lebenspendenden Nässe. Die Tsetsefliegen waren sehr lästig, und Elsa wurde von ihnen sehr gequält, besonders nach Sonnenaufgang und wieder vor Sonnenuntergang. Sie tobte gereizt durch niedriges Gestrüpp, um sie abzustreifen, und warf ihren juckenden Körper auf den Boden, wobei sich ihr sonst glattes Fell sträubte.

Um sie von unserem Lagerleben unabhängiger zu machen, führten wir sie für den ganzen Tag fort und lagerten nach einem Marsch von zwei oder drei Stunden an einer schattigen Stelle am Fluß. Dort picknickten wir, und ich nahm mein Skizzenbuch vor. Elsa schlief bald ein, und ich benutzte sie oft als Rückenlehne, wenn ich las oder schlief. George verbrachte die meiste Zeit mit Angeln und versorgte uns mit unserem Mittagsmahl direkt aus dem Fluß. Elsa mußte stets den ersten Fisch haben, aber nachdem sie kurz daran herumgeknabbert hatte, zog sie eine Grimasse des Abscheus und zeigte für Georges übrigen Fang weiter kein Interesse. Nuru und der Gewehrträger erwiesen sich als ausgezeichnete Köche und bereiteten unsere Mahlzeit, sobald sie gefangen war.

Einmal überraschten wir ein Krokodil, das sich auf einem Felsen sonnte. Erschrocken stürzte es sich in einen schmalen Wasserstreifen, der von beiden Seiten durch Stromschnellen begrenzt wurde. Das Wasser war so klar und seicht, daß wir zwar bis auf den Grund sehen konnten, wir konnten aber keine Spur von dem Krokodil entdecken und wunderten uns, wo es geblieben sein mochte. Bald darauf ließen wir uns zu unserer Mahlzeit nieder. Elsa ruhte am Wasser, und ich lehnte mich gegen sie. Nach dem Essen stand George auf, um wieder zu angeln. Aber zuerst stakte er mit einer langen Stange im Wasser herum, um sich zu vergewissern, daß sich das Krokodil nicht mehr darin befand. Plötzlich wurde ihm die Stange aus der Hand gerissen, und ein sechs Fuß langes Krokodil, das sich im Sand versteckt gehalten hatte, glitt über die Stromschnellen hinweg und verschwand wieder im stillen Wasser dahinter. Es hatte das Ende der kräftigen Stange abgebissen. Da Elsa den Vorfall nicht bemerkt hatte und wir sie nicht ermutigen wollten, sich mit Krokodilen einzulassen, zogen wir weiter.

Kurz danach erschien ein Warzenschwein zu seinem Mittagstrunk. Elsa schlich es vorsichtig an, und nachdem George ihr mit einer Kugel geholfen hatte, packte sie es bei der Kehle und erwürgte es. Der Zusammenstoß ereignete sich ein kurzes Stück vom Fluß entfernt, und da ich dachte, es würde für Elsa angenehmer sein, ihre Beute im Schatten am Wasser zu bewahren, deutete ich ein paar Mal auf das Schwein und dann auf den Fluß und sagte dabei: »Maji, Elsa, Maji, Elsa.« Das Wort ›Maji‹, das ich verwendete, wenn ich wünschte, daß Nuru ihre Wasserschale füllte, war ihr bekannt. Sie schien dieses Suaheliwort für Wasser vollkommen richtig zu verstehen, denn sie zerrte das Schwein zum Fluß. Fast zwei Stunden spielte sie mit dem toten Tier im Wasser, spritzte umher und tauchte damit und vergnügte sich, bis sie völlig erschöpft war. Schließlich schleppte sie das Schwein an das entgegengesetzte Ufer und verschwand damit in einem Dickicht. Dort bewachte sie es, bis es Zeit für uns war, zum Lager zurückzukehren. Sie schien entschlossen, nicht allein zurückzubleiben, denn sobald wir uns zum Abmarsch bereitmachten, schleppte sie ihre Beute auf unsere Seite zurück. Wir zerlegten sie vor ihr, teilten das Fleisch zwischen Nuru und dem Gewehrträger auf und machten uns auf den Weg, während Elsa gutmütig hinter uns her trottete.

Seit dieser Zeit schleifte Elsa jedesmal, wenn sie ein Tier nahe am Fluß erlegte, ihre Beute zum Wasser und wiederholte das Spiel, das sie mit dem Warzenschwein getrieben hatte. Für dieses Verhalten fanden wir keine Erklärung. Vielleicht hatte sie das ›Maji, Elsa‹ als eine gute Regel und einen Teil ihrer Erziehung anerkannt.

Diese täglichen Ausflüge führten uns alle viel näher zusammen, und selbst Nuru und der Gewehrträger fühlten sich in Elsas Gegenwart so sicher, daß sie sich nicht die Mühe gaben, aufzustehen, wenn sie zu ihnen herangetrottet kam, um mit ihnen Nase zu reiben oder sich in ihrer spielerischen Art auf sie zu setzen. Sie hatten auch nichts dagegen einzuwenden, mit ihr zusammen hinten auf dem Landrover zu fahren, und wenn Elsa ihre dreihundert Pfund zwischen ihren knochigen Beinen niederließ, lachten sie und streichelten Elsa, während sie ihnen mit ihrer rauhen Zunge über die Knie leckte.

Einmal, als wir am Flußufer ausruhten, wobei Elsa zwischen uns schlief, bemerkte George zwei schwarze Gesichter, die aus dem Unterholz am gegenüberliegenden Ufer zu uns herüberspähten. Es waren zwei mit Giftpfeilen und Bogen bewaffnete Wilderer, die sich diese Stelle ausgesucht hatten, um Wild aufzulauern, das zum Trinken ans Wasser kam.

Er schlug sofort Alarm und stürzte über den Fluß, von Nuru und dem Gewehrträger dicht gefolgt. Elsa, plötzlich geweckt und immer zu einem Spaß aufgelegt, schloß sich der Jagd an. Den Wilderern gelang es zwar zu entkommen, aber ich hätte viel darum gegeben, die Geschichten mit anzuhören, die sie nach ihrer Rückkehr in ihren Dörfern von ›Bwana Game‹ (Georges Name bei den Eingeborenen) erzählten, der jetzt Löwen einsetzte, um Wilderer zu stellen.

Früh eines Morgens, als wir auf unserem Vorfrühstücksgang waren, übernahm Elsa die Führung und schlug sehr entschlossen eine bestimmte Richtung zu einem Ort ein, von dem wir während der Nacht lautes Elefantentrompeten gehört hatten. Plötzlich hielt sie an, schnüffelte mit vorgestrecktem Kopf im Wind und schlug dann einen schnellen Trott an und ließ uns zurück. Ein paar Augenblicke später hörten wir aus der Ferne das gedämpfte Gebrüll eines Löwen. Sie blieb diesen ganzen Tag über fort. Spät am Abend hörten wir weit entfernt ihren Ruf gemeinsam mit dem eines anderen Löwen. Während der Nacht machten sich Hyänen sehr bemerkbar und hielten uns mit ihrem albernen Gelächter wach. Bei Tagesanbruch folgten wir Elsas Spuren und fanden sie bald zusammen mit der eines anderen Löwen. Sie führte von unserem Lager fort. Am nächsten Tag fanden wir ihre Spur allein, und am vierten Tag ihrer Abwesenheit verfolgten wir ihre Fährte über den Fluß hinüber. Wir suchten den ganzen Tag nach ihr, bis wir uns unerwartet mitten in einer Elefantenherde befanden und uns nichts anderes übrig blieb, als uns schleunigst zurückzuziehen. Am frühen Morgen des fünften Tages kam Elsa sehr hungrig zurück und füllte sich den Bauch, bis er fast platzte. Danach zog sie sich auf mein Feldbett zurück und gab klar zu verstehen, daß sie nicht gestört zu werden wünsche. Später entdeckte ich zwei tiefe Bißwunden und verschiedene kleinere Kratzwunden an der Biegung ihrer Hinterbeine. Ich behandelte sie, so gut ich konnte. Sie reagierte liebevoll, nuckelte an meinem Daumen und umschlang mich fest. Am Nachmittag wollte sie nicht mit spazierengehen, sondern saß bis zur Dunkelheit auf dem Verdeck des Landrovers. Dann verschwand sie in die Nacht hinaus. Etwa zwei Stunden später hörten wir ein Löwengebrüll in der Ferne und unmittelbar darauf Elsas Antwort. Zuerst kam ihre Stimme nahe vom Lager, verklang aber nach und nach in der Richtung des Löwen.

Am folgenden Morgen entschieden wir, daß dies ein günstiger Augenblick war, um sie wieder für ein paar Tage sich selbst zu überlassen, und verlegten unser Lager, um ihre Verbindung mit dem wilden Löwen, der sich durch unsere Anwesenheit vielleicht gestört fühlen könnte, nicht zu behindern. Wir wußten, daß sie jetzt durchaus in der Lage war, für sich selbst zu sorgen. Dadurch wurde dieser Abschied weniger schmerzlich als der erste, aber ihre Bißwunden, die so aussahen, als ob sie sich infizieren könnten, beunruhigten mich ernsthaft.

Nach einer Woche kehrten wir zu unserem Lagerplatz zurück und trafen Elsa dabei an, wie sie zwei Wasserböcke beschlich. Es war früh am Nachmittag und sehr heiß. Das arme Tier mußte sehr hungrig sein, um noch so spät am Tag zu jagen. Sie brachte uns ein rührendes Willkommen entgegen und stopfte sich mit dem Fleisch voll, das wir ihr mitgebracht hatten. Ich bemerkte eine neue Bißwunde an ihrem Ellbogen, und ihre alten Wunden mußten dringend behandelt werden. In den nächsten drei Tagen machte sie ihre Hungerperiode wieder wett.

Inzwischen hatte sich Elsas Ruhm weit verbreitet, und eine Gesellschaft amerikanische Jäger besuchte uns eigens, um sie zu filmen. Sie empfing sie königlich und tat ihnen alles zu Gefallen. Sie kletterte auf einen Baum, spielte in dem Fluß, umarmte mich, schloß sich uns zum Tee an und benahm sich so häuslich, daß keiner unserer Gäste glauben wollte, sie sei eine voll ausgewachsene Löwin, die sich noch kurz vor ihrer Ankunft in der Gesellschaft wilder Löwen ebenso wohlgefühlt habe.

In dieser Nacht hörten wir Löwengebrüll, und Elsa verschwand sofort in der Dunkelheit und blieb zwei Tage fern. Während dieser Zeit kam sie zu einem kurzen Besuch in Georges Zelt zurück. Sie war sehr zärtlich, und sein Feldbett brach fast zusammen, weil sie sich auf ihn legte, als er schlief. Nach einem kurzen Mahl verschwand sie wieder.

Am Morgen folgten wir ihrer Spur, die uns zu der felsigen Hügelkette in der Nähe des Lagers führte. Nachdem wir auf den höchsten Gipfel geklettert und an allen ihren Lieblingsplätzen erfolglos nach ihr Ausschau gehalten hatten, stolperten wir in einem dichten Gebüsch fast über sie. Offensichtlich hatte sie sich in der Hoffnung, daß wir sie nicht sähen, ruhig verhalten. Doch trotz ihres unverkennbaren Wunsches, allein zu sein, begrüßte sie uns in ihrer üblichen, liebevollen Weise und tat so, als ob sie sich sehr freue, uns zu sehen. Spät am Abend hörten wir oben am Fluß das Gebrüll eines Löwen und das Geheul seines Gefolges von Hyänen. Bald darauf ertönte nahe beim Lager Elsas Stimme. Vielleicht hatte sie inzwischen gelernt, sich von ihrem Herrn und Meister fernzuhalten, während er über seiner Beute saß, und wartete, bis er sich sattgefressen hatte, ehe sie seine nähere Gesellschaft suchte. Später kehrte sie für ein paar

Augenblicke zu Georges Zelt zurück, legte liebevoll eine Pranke um ihn und klagte leise, als ob sie ihm sagen wolle: »Du weißt, daß ich dich liebe, aber ich habe da draußen einen Freund, zu dem ich einfach gehen muß. Ich hoffe, du wirst das verstehen«, und dann war sie wieder fort. Früh am nächsten Morgen entdeckten wir nahe beim Lager die Fährte eines großen Löwen. Offensichtlich hatte er gewartet, während Elsa zu Georges Zelt ging, um ihm die Situation zu erklären. Sie blieb drei Tage fort, tauchte jeden Abend nur für ein paar Minuten auf, um uns ihre Zuneigung zu zeigen, verschwand aber wieder, ohne das Fleisch anzurühren, das für sie bereit lag. Wenn sie nach diesen Eskapaden zurückkehrte, schien sie immer liebevoller zu sein als je, als ob sie wiedergutmachen wollte, daß sie uns vernachlässigte.

Die Regenzeit hatte begonnen und regte wie üblich Elsas Energie und Spieltrieb an. Sie mußte uns einfach an jedem geeigneten Platz einen Hinterhalt legen. Da ich in unserem Rudel ihre ›Lieblingslöwin‹ war, beehrte sie vorwiegend mich mit ihrer Aufmerksamkeit, und deshalb war ich diejenige, die sich gewöhnlich unter Elsas weichem, aber schwerem Körper auf dem Boden befand, wo sie mich festhielt, bis George mich befreite. Ich wußte zwar, daß sie mir nur aus Zuneigung dieses Privileg zuteil werden ließ, aber ich mußte dem ein Ende machen, da ich völlig unfähig war, sie ohne Hilfe von mir herunterzubekommen. Bald verstand sie aus dem Ton meiner Stimme, daß dieses Spiel nicht geschätzt wurde, und es war rührend, zu sehen, wie sie ihre aufgespeicherte Energie zu beherrschen versuchte, und selbst, wenn sie zu einem weiten Sprung ansetzte, sich im letzten Moment zurückhielt und sich mir in manierlicher Weise näherte.

Nach dem ersten Regenguß verwandelte sich das trockene graue Dornengebüsch innerhalb weniger Tage zu einem Garten Eden. Jedes Sandkorn schien einem aufbrechenden Samenkorn unter sich zu weichen. Wir gingen über Wege mit reichem, saftiggrünem Pflanzenwuchs, jeder Busch ein Riesenstrauß von weißen, rosa oder gelben Blüten. Aber so erfreulich diese Wandlung für unsere Sinne auch war, sie führte zu neuen Befürchtungen bei unseren Spaziergängen, denn die Sicht war jetzt auf wenige Schritte verringert. Überall standen Regentümpel, und um jeden wand sich ein Gewirr frischer Wildfährten. Elsa nützte diesen Nachrichtendienst des Busches voll aus und verließ uns oft, um zu jagen. Manchmal beobachteten wir sie, wie sie einen Wasserbock anschlich und ihn auf uns zutrieb. Bei einer anderen Gelegenheit folgten wir ihren Spuren, während sie einen Buschbock verfolgte. Dabei schlug sie klug eine gerade Linie an der gewundenen Fährte entlang ein. Da sie in diesen Tagen jedoch gut genährt war und einen vollen Magen hatte, betrachtete sie diese Jagd mehr als Zeitvertreib denn als ernste Arbeit.

Eines Morgens gingen wir ruhig am Fluß entlang, in der Absicht, den Tag draußen zu verbringen. Elsa begleitete uns. Sie war voller Energie, und nach ihrem zuckenden Schwanz zu urteilen, unterhielt sie sich großartig. Nachdem wir zwei Stunden unterwegs waren, begannen wir uns nach einem Platz umzusehen, um zu frühstücken, als ich sie plötzlich unvermittelt stehenbleiben sah, mit gespitzten Ohren, den ganzen Körper vor Erregung angespannt. Im nächsten Augenblick glitt sie davon, sprang geräuschlos die Felsen herunter, die an dieser Stelle das Flußufer säumten. Dann verschwand sie unten in dem dichten Unterholz. Verschiedene Inselchen teilen den Fluß hier in mehrere Arme. Jedes Inselchen war von einem undurchdringlichen Dickicht von Büschen, gestürzten Bäumen und angeschwemmten Ästen bedeckt. Wir waren stehengeblieben, um das Ergebnis ihres Anschleichens abzuwarten, und hörten bald das, was ich unverkennbar für das Trompeten eines Elefanten hielt. Die Luft vibrierte vom tiefen Tönen, und ich war überzeugt, daß in dem Dickicht unten mehr als nur ein Elefant sei. George war anderer Meinung und sagte, das Geräusch stamme von einem Büffel. Ich hatte zahllose Büffel ihr vielfältiges, ausdrucksvolles Brüllen ausstoßen hören, aber keiner von ihnen hatte je ein Geräusch von sich gegeben, das so typisch für Elefanten war. Wir warteten mindestens fünf Minuten, in der Hoffnung, daß Elsas großer Freund ihr zu langweilig werden würde, wie es im allgemeinen nach kurzer Zeit der Fall war.

Dann erklang ein tiefer, grollender Ton, und ehe ich wußte, was geschah, sprang George die Felsen hinunter und rief, Elsa befinde sich in Gefahr. Ich folgte, so schnell ich konnte, wurde aber durch erneut ausbrechendes, heftiges Brüllen unmittelbar vor mir zum Anhalten gebracht. Mir war höchst unbehaglich zumute, als ich in das dichte Gebüsch eindrang, und ich bildete mir ein, daß jeden Augenblick die riesige Gestalt eines wütenden Elefanten hervorbrechen und alles auf seinem Weg zermalmen müsse. Instinktiv blieben die Männer und ich stehen und riefen George zu, nicht weiter zu gehen, aber nichts konnte ihn zurückhalten, und er verschwand hinter einem grünen Vorhang von Schlinggewächsen und Bäumen. Dann hörten wir einen ohrenbetäubenden Schrei, auf den Georges eindringliche Rufe folgten: »Kommt schnell, schnell!« Mein Herz wurde bleischwer. Es mußte ein Unglück geschehen sein. Während ich so rasch, wie ich konnte, durch das Dickicht stolperte, flogen schreckliche Szenen vor meinen Augen vorbei. Aber, Gott sei Dank, erkannte ich bald Georges sonnengebräunten Rücken durch das Laub. Er stand aufrecht. Es mußte alles in Ordnung sein.

Wieder trieb er uns zur Eile an. Als ich schließlich durch das Gebüsch kroch und das Wasser erreichte, sah ich Elsa völlig durchnäßt mitten zwischen Stromschnellen auf dem Rücken eines Büffelbullen hocken. Ich wollte meinen Augen nicht trauen. Hier stand ein hilfloser Büffel im Wasser, den Kopf halb untergetaucht, während Elsa an seinem dicken Fell zerrte und ihm aus jeder Richtung beizukommen versuchte. Wir konnten nur erraten, was in den zehn Minuten, seit ich mein ›Elefantentrompeten‹ zuerst gehört hatte, geschehen war. Elsa mußte den Büffel, einen alten Bullen, der die Höhe seines Lebens bereits überschritten hatte, wie wir später feststellten, aufgestört und in den Fluß gejagt haben, während er nahe dem Wasser ruhte. Bei dem Versuch, den Fluß zu überqueren, mußte der Bulle auf den schlüpfrigen Felsen in den Stromschnellen ausgerutscht sein, und Elsa hatte seine mißliche Lage ausgenutzt, war auf ihn zugesprungen und drückte ihm nun den Kopf unter Wasser, bis er halb ertränkt und zu geschwächt war, um sich wieder erheben zu können. Danach hatte sie ihn an seiner verwundbarsten Stelle, zwischen den Hinterbeinen, angegriffen, und das tat sie noch, als wir dazukamen.

George wartete, bis Elsa ihm eine Chance gab, und beendete den Todeskampf des unglücklichen Tieres durch eine barmherzige Kugel. Sobald dieser Gnadenstoß geführt war, sahen wir Nuru bis über die Hüften im Wasser durch die schäumenden Wellen waten. Er konnte der Möglichkeit, sich an diesem Fleischberg zu laben, nicht widerstehen, aber da er Mohammedaner war, durfte er das Fleisch des Büffels nur essen, wenn er ihm die Kehle durchschnitt, ehe es tot war. Es war keine Zeit zu verlieren, und darum wagte er sich zwischen den vom Wasser verborgenen schlüpfrigen Felsen auf das Wild zu. Von ihrer Stellung auf dem Büffel beobachtete Elsa mit angespannter Aufregung jede seiner Bewegungen. Obwohl sie Nuru kannte, seit sie ein winziges Löwenbaby gewesen war, und ihm jede Art Vertraulichkeit gestattet hatte, war sie jetzt im höchsten Grade mißtrauisch und verteidigte mit zurückgelegten Ohren und drohendem Knurren ihren Büffel sogar gegen ihre Amme. Sie sah wirklich gefährlich aus. Aber Nuru, von den Vorstellungen eines Festmahls angetrieben, beachtete ihre Warnungen nicht. Es war ein drolliger Anblick, seine gebrechliche, magere Gestalt furchtlos auf die wild knurrende Löwin, die auf einem sterbenden, ausschlagenden Büffel hockte, zuwanken zu sehen, und ihr dabei mit erhobenem Zeigefinger zu drohen und »No, no« zu rufen.

So unglaublich es erscheint, Elsa gehorchte ihm, hockte ruhig auf dem Büffel, während sie ihm erlaubte, ihrer Beute die Kehle zu durchschneiden.

Das nächste Problem bestand darin, das tote Tier aus dem Fluß herauszuschaffen. Wir mußten es zwischen den schlüpfrigen Felsen über die Schnellen zerren. Unter solchen Umständen zwölfhundert Pfund Gewicht zu bewegen, die von einer erregten Löwin bewacht wurden, ist gar nicht leicht. Aber Elsa, intelligent wie sie war, erkannte bald, was geschehen mußte, und indem sie den Büffel an der Schwanzwurzel packte, half sie den drei Männern, die an Kopf und Beinen zogen, tatsächlich die Beute herauszuschaffen. Ihren gemeinsamen Anstrengungen gelang es, unter viel Gelächter über Elsas Bemühungen, das Tier an Land zu schleppen, wo es zerlegt wurde. Auch hier zeigte sich Elsa höchst hilfreich. Wenn eines der großen, schweren Hinterviertel vom Körper gelöst war, schleppte sie es sofort in den Schatten eines Busches und ersparte es so den Boys, diese Arbeit nachher zu tun. Glücklicherweise war es uns möglich, den Landrover bis auf eine Meile an den Schauplatz heranzubringen, und so schafften wir den größten Teil des Fleisches zum Lager.

Elsa war erschöpft. Sie mußte während ihres Kampfes mit dem großen Tier Unmengen Wasser geschluckt haben und hatte mindesens zwei Stunden auf dessen Rücken in der starken Strömung des Flusses verbracht. Aber müde wie sie war, sie ließ ihre Beute nicht allein, bis sie wußte, daß sie zerlegt und alles in Sicherheit gebracht worden war. Erst dann zog sie sich in den Schatten eines Busches zurück.

Als ich ein paar Minuten später zu ihr ging, leckte sie meinen Arm, umschlang mich mit ihren Pranken und drückte mich an ihren nassen Körper. Nach der Aufregung des Morgens ruhten wir uns aus. Ich war über ihre Sanftheit und die Vorsicht, mit der sie meine Haut behandelte und es vermied, mich mit ihren Krallen zu kratzen, die erst vor wenigen Minuten für die dicke Haut eines mächtigen Büffels so tödlich gewesen waren, tief gerührt.

Selbst für einen wilden Löwen wäre es eine bemerkenswerte Leistung gewesen, allein einen Büffel zu erlegen, ganz zu schweigen von Elsa, die die Kunst der Jagd erst kürzlich von den ihr sehr unterlegenen Pflegeeltern gelernt hatte. Obwohl ihr der Fluß ein guter Verbündeter gewesen war, hatte es ihrerseits erhebliche Intelligenz erfordert, um diesen Vorteil wahrzunehmen, und ich war sehr stolz auf sie. Spät am Nachmittag stießen wir auf dem Rückweg zum Lager auf eine Giraffe, die am anderen Flußufer trank. Elsa vergaß ihre Müdigkeit und schlich sich an. Sehr vorsichtig überquerte sie gegen den Wind und außerhalb des Blickfeldes ihrer Beute den Fluß, vermied den geringsten Spritzer und verschwand im Ufergebüsch. Die Giraffe ahnte keine Gefahr, spreizte ihre Vorderbeine soweit wie möglich und neigte ihren langen Hals zum Wasser, um zu trinken. Mit angehaltenem Atem erwarteten wir, daß Elsa jeden Augenblick aus dem Busch springen und angreifen würde, aber zu unserer größten Erleichterung hörte oder spürte die Giraffe im letzten Moment Elsas Anwesenheit, drehte sich mit einer schnellen Bewegung ab und galoppierte davon. Es war ein Glück für die Giraffe, daß Elsa so voll von Büffelfleisch war.

Ihre Abenteuer für diesen Tag waren damit noch nicht beendet, und da ihr Motto zu sein schien: »Je größer, je lieber«, fehlte nur noch ein Elefant, der uns dann tatsächlich gemächlich über den Wildpfad entgegengetrottet kam. Während wir uns rasch zurückzogen, um ihm auszuweichen, setzte sich Elsa ruhig mitten auf den Pfad und wartete, bis das mächtige Tier sie fast erreicht hatte, sprang dann flink zur Seite, was ihn veranlaßte, kehrtzumachen und im schnellen Tempo zu verschwinden. Danach folgte sie uns gelassen zum Lager, streckte sich lang auf Georges Bett aus und schlief schnell ein. Für einen einzigen Tag war das keine schlechte Leistung.

Nicht lange danach, als wir zusammen das schattige Flußufer entlanggingen, bemerkten wir im Bodenschlamm einer seichten Lagune beckenförmige, kreisrunde Eindrücke von etwa drei Fuß Durchmesser. George sagte, es seien Brutplätze der Tilapia, eines Fisches, den wir nicht weit entfernt im Fluß entdeckt hatten. Während wir diese Schlammbecken untersuchten, beschnüffelte Elsa mit großem Interesse einen Busch und zog ihre Nase kraus, was sie oft tat, wenn sie einen Löwen witterte. Dann fanden wir in der Nähe frische Spuren, und Elsa, die wahrnehmbar schnurrte, nahm die Fährte auf und verschwand. Sie blieb die ganze Nacht und den folgenden Tag fort. Als wir am Nachmittag nach ihr suchten, entdeckten wir durch das Fernglas ihre Umrisse auf ihrem Lieblingsfelsen. Sie mußte uns gesehen haben, denn wir hörten sie rufen, aber sie traf keine Anstalten, ihre Stellung zu verlassen. Weil wir glaubten, daß in der Nähe wilde Löwen sein könnten, wollten wir nicht stören und kehrten nach Hause zurück. Nachdem alle schlafengegangen waren, hörte George den schmerzvollen Todesschrei eines Tieres, und bald danach erschien Elsa in seinem Zelt und warf sich neben seinem Bett nieder. Sie streichelte ihn ein paarmal mit ihren Pranken, als ob sie ihm etwas sagen wollte. Nach ein paar Minuten verließ sie ihn dann wieder und blieb wieder die ganze Nacht und den folgenden Tag verschwunden.

Als wir am nächsten Abend beim Essen saßen, kam sie in das Zelt, rieb ihren Kopf liebevoll an mir, ging dann wieder hinaus und verbrachte die Nacht draußen. Am nächsten Morgen verfolgten wir ihre Spur eine lange Strecke. Sie führte weit fort.

An diesem Abend kam sie nicht zurück.

Von kurzen Besuchen, während der sie uns ihre Zuneigung bezeigte, abgesehen, war sie jetzt drei Tage fortgewesen. Sollte das ihre rührende Weise sein, uns zu sagen, daß sie ihr Rudel gefunden habe und daß sie, obwohl sie uns noch liebe, versuche, die Bindungen an uns zu lockern?

Während der Nacht wurden wir durch höchst

beunruhigendes Löwengebrüll, in das sich das Gelächter von Hyänen mischte, geweckt. Wir lauschten, erwarteten jeden Augenblick Elsa, aber der Morgen brach an, ohne daß sie erschien. Sobald es hell war, gingen wir in die Richtung, aus der wir das Brüllen gehört hatten, blieben aber nach ein paar hundert Metern bei einem unverkennbaren Löwenknurren, das unten vom Fluß kam, stehen. Gleichzeitig sahen wir eine Antilope und ein paar Vervetaffen in rasender Flucht durch den Busch jagen. Vorsichtig schlichen wir durch das dichte Unterholz zum Fluß hinunter, fanden die frischen Spuren von mindestens zwei oder drei Löwen im Sand. Sie führten über den Fluß hinüber.

Wir wateten durch das Wasser und folgten der noch nassen Fährte das andere Ufer hinauf, bis ich, keine fünfzig Meter von mir entfernt, durch den dichten Busch die Gestalt eines Löwen bemerkte. Während ich meine Augen anstrengte, um zu erkennen, ob es Elsa sei, rief George sie an. Sie entfernte sich von uns. Als George sie wieder anrief, trottete sie nur schneller den Wildpfad entlang, bis wir zum letztenmal die schwarze Quaste am Ende ihres Schwanzes im Busch verschwinden sahen.

Wir blickten einander an. Hatte sie ihre Bestimmung gefunden?

Sie mußte uns gehört haben. Als sie dem Löwen folgte, entschied sie über ihre Zukunft. Bedeutete das, daß sich unsere Hoffnungen erfüllt hatten und sie zu ihrem natürlichen Leben zurückgekehrt war?

Sehr traurig kehrten wir allein zum Lager zurück.

Sollten wir sie jetzt verlassen und damit ein sehr wichtiges Kapitel unseres Lebens abschließen? George schlug vor, wie sollten noch ein paar Tage warten, um uns zu vergewissern, daß Elsa von ihrem Rudel aufgenommen worden sei.

Ich ging an meinen Arbeitsplatz am Fluß und schrieb an der Geschichte Elsas weiter, die bis zu diesem Morgen bei uns gewesen war.

Ich war traurig, weil ich allein war, versuchte aber bei dem Gedanken, daß Elsa vielleicht gerade in diesem Moment ihr weiches Fell an dem Fell eines anderen Löwen rieb und mit ihm im Schatten ruhte, wie sie so oft mit mir geruht hatte, glücklich zu sein.

Zehntes Kapitel

Wir bleiben Freunde

Uns schien es nach über drei Jahren dieser engen Gemeinschaft unvorstellbar, daß wir jede Verbindung zu Elsa verlieren sollten, solange sie bereit war, den Kontakt mit uns aufrechtzuerhalten.

Da George infolge seiner Pflichten ständig unterwegs ist, haben wir das Gebiet, in dem Elsa jetzt lebt, nach Möglichkeit in Abständen von drei Wochen regelmäßig besucht. Bei unserer Ankunft an unserem Lagerplatz schossen wir immer ein oder zwei Schüsse ab oder ließen einen Kanonenschlag los, und fast jedesmal kam sie innerhalb weniger Stunden in unser Lager getrottet, begrüßte uns herzlich und zeigte größere Zuneigung denn je. Einmal dauerte es fünfzehn Stunden, ehe sie kam, und einmal sogar dreißig, als sie sehr weit entfernt gewesen sein und unsere Ankunft auf eine sehr geheimnisvolle Weise gespürt haben mußte. Während unseres dreitägigen Aufenthaltes läßt sie uns nie aus den Augen und ist in einer rührenden Weise froh, bei uns zu sein.

Wenn die Zeit für unsere Abreise kommt, geht George etwa zehn Meilen fort und schießt einen Bock oder ein Warzenschwein als Abschiedsgabe für Elsa, während die Zelte abgebrochen und verladen werden.

In der Zwischenzeit sitze ich mit ihr in meinem Studio unter dem großen Baum und versuche sie abzulenken. Sobald der Bock ankommt, hat sie eine reichliche Mahlzeit, obwohl wir sie im allgemeinen gut genährt und wohlauf antreffen. Offensichtlich hat sie inzwischen längst gelernt, ihre Beute selbst zu jagen, und ist für ihre Ernährung völlig unabhängig von uns. Während sie frißt, fahren die beladenen Wagen etwa eine Meile weit vor, und wenn sie nach ihrer Mahlzeit schläfrig wird, schleichen wir uns fort.

Eine Zeitlang vor dem endgültigen Abschied wird sie merklich zurückhaltend und wendet ihren Kopf von uns ab. Obwohl sie verzweifelt wünscht, bei uns zu bleiben, erleichtert sie es uns in dieser rührenden, würdigen und beherrschten Weise, wenn sie erkennt, daß wir fortfahren. Da das jedesmal geschieht, kann es kaum ein Zufall sein.

Dies waren die letzten Worte, die ich schrieb, ehe ich nach England kam, um über die Veröffentlichung des Buches über Elsa zu verhandeln. Während der Monate, die ich in London verbrachte, hat George mir über alle seine Besuche bei Elsa geschrieben, und ihre Geschichte wird in seinen Briefen weitergeführt. Sie beweisen nicht nur, daß Elsa weiterhin fähig war, das Leben einer wilden Löwin mit ihrem alten Verhältnis zu uns zu vereinbaren, sondern auch, daß dieses Verhältnis unverändert eines von absoluter Gleichheit ist, ganz anders als zwischen Hund und Mensch.

Isiolo, den 5. März 1959

Nachdem ich durch eine Panne des Lastwagens und bald danach des Anhängers aufgehalten worden war, konnte ich am Abend des 25. abfahren, um Elsa zu besuchen. Fünfzehn Minuten nach meiner Ankunft erschien Elsa am anderen Ufer des Flusses. Sie mußte den Diesellastwagen gehört haben. Sie sah gesund aus, war aber mager und hungrig. Wie üblich begrüßte sie mich umständlich, ehe sie zu ihrem Futter ging. Sie war keineswegs so abgemagert wie beim ersten Mal, und nach ein paar Tagen hatte sie Fleisch angesetzt und sah so gut wie eh und je aus. Offensichtlich war es ihr rätselhaft, daß Du nicht da warst, und sie ging ein paarmal in Deine Boma, suchte in Deinem Lastwagen und rief nach Dir. Sie fand sich indessen bald mit dem üblichen Tagesablauf ab, außer daß sie sich absolut weigerte, das Lager zu einem Spaziergang zu verlassen. Am Morgen ging sie mit mir zum Studio und verbrachte dort den ganzen Tag mit mir. Als ich ihr am Sonntagmorgen den zweiten Bock brachte, wollte sie niemand in ihre Nähe kommen lassen und war recht wild. Aber sobald ich zum Studio ging, schleppte sie den Bock dorthin, legte ihn nahe meinem Platz nieder und hatte nichts dagegen, daß ich ihn zerlegte. Als ich am Nachmittag zu meinem Zelt zurückging, packte sie den Bock und brachte ihn mir nach. Am nächsten Nachmittag sagte ich: »Elsa, es ist Zeit, nach Hause zu gehen.« Sie wartete, bis ich die Überreste des Bockes aufgenommen hatte, und trottete dann feierlich vor mir her zu dem Zelt zurück. Die weißen Flecken auf ihrem Rücken sind verschwunden. Ihr Freund, der Waran, ist immer noch hier und lauert darauf, ihr zu stehlen, was er kann. Sie scheint sich jetzt mit ihm abgefunden zu haben und beachtet ihn nicht, wenn er an ihr Fleisch geht. Von einer Verbindung mit Löwen ist immer noch nichts zu erkennen.

Ich verließ Elsa am Dienstag. Ich achtete besonders sorgfältig darauf, sie unten im Studio festzuhalten, während das Lager abgebrochen wurde. Aber sobald sie hörte, daß der Diesel angelassen wurde, wußte sie sofort, daß ich sie verlassen würde, und legte die gleiche unbeteiligte Manier an den Tag und wollte mich nicht ansehen. Ich habe die Absicht, sie am 14. wieder zu besuchen.

Isiolo, den 19. März 1959

Ich habe Elsa am 14. wieder besucht. Fuhr gegen viertel nach zehn ab und kam gegen halb sieben abends an – kein Zeichen von Elsa, keine Fährten. Im Verlauf der Nacht ließ ich drei Kanonenschläge los und schoß eine Leuchtkugel ab. Am nächsten Morgen ging ich los, um nach ihr zu suchen. Ich ging bis zu dem großen Wassertümpel an dem Tierpfad, wo Elsa dem Elefanten auflauerte. Der Tümpel lag trocken, und von Elsa keine Spur. Ich ließ noch einen Kanonenschlag los und kehrte über den Höhenkamm zur Wagenspur zurück, und dann zum Lager durch das trockene Bachbett hinter dem Lager. Noch kein Zeichen von ihr. Gegen viertel nach neun kam ich im Lager an. Eine Viertelstunde später erschien sie plötzlich von der anderen Seite des Flusses, sah sehr gesund aus, mit reichlich Fleisch auf den Knochen. Sie muß mindestens ein Tier erbeutet haben, seit ich sie vor elf Tagen verließ. Sie begrüßte mich überschwenglich. Sie hatte ein paar Verletzungen, die wahrscheinlich von dem Kampf mit ihrer letzten Beute stammten, aber sie waren oberflächlich und hatten kaum ihre Haut durchdrungen. Sie nahm sofort ihre übliche Tageseinteilung auf, benahm sich recht ausgelassen und warf mich zweimal um, einmal in einen Dornbusch! Einmal bequemte sie sich zu einem kurzen Spaziergang am Fluß, aber die meiste Zeit verbrachte sie während dieser Tage bei mir im Studio.

Immer noch keine Anzeichen für eine Berührung mit wilden Löwen. Auf dieser Fahrt habe ich keine gehört. Das Land ist sehr trocken, was die Jagd für Elsa wahrscheinlich erleichtert, da alles zur Tränke an den Fluß kommen muß, und die Sicht besser ist. Da ich nur das Bergzelt bei mir hatte, war es mit Elsa darin etwas eng in der Nacht, aber sie benahm sich sehr gut und hat nicht einmal das Bodentuch naß gemacht. Wie üblich weckte sie mich nachts ein paar Mal durch Nasenreiben und indem sie sich auf mich legte. Beim Abschied, der am Mittwoch stattfand, gab es keine Schwierigkeiten. Ich glaube, daß sie wirklich unabhängiger wird und nichts dagegen hat, daß sie zurückbleibt. Ich kann die Ansicht der Leute, die behaupten, daß das Leben und die Handlungen eines Tieres vom reinen Instinkt und bedingten Reflexen beherrscht werden, wirklich nicht mehr hören. Nur durch nüchterne Überlegung können die sorgfältige

Strategie, die ein Löwenrudel bei der Jagd befolgt, und die vielen Beispiele, die wir in Elsas intelligentem und wohlüberlegtem Verhalten erlebt haben, erklärt werden.

Isiolo, den 4. April 1959

Ich kam gegen acht Uhr abends am Lagerplatz an, ließ die üblichen Kanonenschläge und Leuchtkugeln los, aber von Elsa war kein Zeichen zu entdecken, und sie erschien während der Nacht nicht. Früh am nächsten Morgen ging ich den Wildpfad entlang, wo wir die Perlhühner geschossen haben, und stieß auf die Spuren eines kürzlichen Lagers. Dann schlug ich einen weiten Halbkreis zur anderen Seite des Flusses, in der Hoffnung, ihre Spur zu finden, entdeckte aber keine Anzeichen. Als ich zum Lager zurückkam, fürchtete ich fast, daß sie erschossen worden war.

Ich hatte mit Ken Smith vereinbart, daß er mir nachkommen solle, da er sehr begierig war, Elsa wiederzusehen. Als ich ankam, befand er sich im Lager und sagte mir, er habe Elsa oben auf dem großen Felsen gesehen. Er hatte sie gerufen, aber sie schien nervös zu sein und wollte nicht herunterkommen. Ich ging mit ihm dorthin. Sobald ich Elsa rief und sie meine Stimme erkannte, kam sie von dem Felsen herabgestürzt und begrüßte mich stürmisch und war zu Ken ebenso freundlich. Sie bot ein Bild der Gesundheit, und ihr Magen war gut gefüllt. In der vorherigen Nacht mußte sie ein Wild erbeutet haben. Ken stellte sein Bett in Deiner Boma auf, und Elsa ängstigte ihn in der Nacht nicht im geringsten. Wir machten sogar zusammen einen Spaziergang und verbrachten den Tag im Studio. Elsa schlief auf meinem Bett und Ken in seinem, wenn sie sich auch aus reiner Freundschaft einmal auf ihn setzte.

Am Donnerstagabend nahm ich Elsa zu dem Felsen mit, nachdem Ken am vorhergehenden Tage abgefahren war. Als ich gerade daran dachte, zum Lager zurückzukehren, begann ein Leopard unmittelbar unter uns zu knurren. Sofort machte Elsa sich daran, ihn anzuschleichen, aber ich vermute, daß er sie gehört hatte und verschwand. Ich verließ sie am Freitagmorgen mit einem fetten Warzenschwein, um sie glücklich zu machen. Sie brachte es sofort in den Fluß und spielte begeistert damit. Elsa ist jetzt in vorzüglicher Verfassung.

Isiolo, den 14. April 1959

Ich hatte beabsichtigt, Elsa gestern zu besuchen, aber ich mußte noch mehr Elefanten aus dem Garten verjagen. Was aber auch geschieht, morgen fahre ich los. Ich kann Dir nicht sagen, wie sehr ich mich freue, sie zu sehen, und sie versäumt nie, mich liebevoll zu begrüßen. Wenn sie nur einen Gefährten fände, wäre ich für sie viel beruhigter. Es muß für sie sehr einsam sein. Manchmal muß sie sich sehr verlassen fühlen, aber es scheint keinerlei Einfluß auf ihre Gutmütigkeit und Freundlichkeit zu haben. Rührend ist, daß sie immer weiß, wenn ich sie verlasse, sich aber mit der Tatsache abfindet und keinen Versuch macht, es zu verhindern oder mir zu folgen. Auf ihre würdige Art scheint sie zu wissen, daß es unvermeidlich ist.

Isiolo, den 27. April 1959

Ich fuhr am Nachmittag des 15. ab, um Elsa zu besuchen, kam gegen acht Uhr abends an, fuhr beinahe in zwei Rhinozerosse, als ich um eine Biegung kam. Ich kam ein paar Fuß neben dem Weg an ihnen vorbei. Ich schoß die üblichen Kanonenschläge und Leuchtkugeln ab, aber in dieser Nacht kam kein Zeichen von Elsa. Am nächsten Morgen ging ich zum Felsen und ließ mehrere Signale los. Nirgends war eine Fährte zu finden. Sie tauchte auch nicht während des Tages oder der nächsten Nacht auf. In der Nacht fiel sehr starker Regen mit phantastischen Blitzen und Donnerschlägen, und der Fluß schwoll zu einer Flut an. Am nächsten Morgen ging ich zum ›Büffelhügel‹ und in das sandige Bachbett, das auch überflutet gewesen war, mußte es aber auf Grund des Treibsandes verlassen. An einer Stelle sank ich plötzlich bis zum Gürtel ein, und es kostete mich einige Mühe, herauszukommen. Dann folgte ich auf dem Wildpfad einer Anhöhe entlang, um näher an den Zusammenfluß des trockenen Baches mit dem Fluß zu kommen. Der Weg war ein erhebliches Stück weiter, als wir früher gegangen sind. Ich aß am Flußufer und überquerte ihn dann in hüfttiefem Wasser, das vom Schlamm gerötet war. Natürlich hatte der Regen jede Fährte, die vielleicht vorhanden gewesen war, fortgespült. Auf alle Fälle ging ich am Ufer entlang zurück.

An einer Stelle sah ich etwas im Wasser, das ich für den Kadaver eines toten Tieres hielt. Ich ging näher heran und war im Begriff, einen Stein danach zu werfen, als plötzlich ein Kopf auftauchte und es sich als ein Nilpferd erwies. Kurz darauf erfolgte ein ungeheures Schnarren und Grunzen und Quietschen im Busch neben meinem Weg – ein Nashornpaar im Liebesspiel. Gegen fünf erreichte ich das Lager – immer noch kein Zeichen von Elsa! Ich war wirklich sehr besorgt, da es noch nie so lange gedauert hatte, bis sie auftauchte. Achtundvierzig Stunden nach meiner Ankunft, etwa gegen halb neun, hörte ich ihren leisen Ruf über den Fluß herüber, und ein paar Augenblicke später kam sie ins Lager gerast, ein Bild der Gesundheit, und sie freute sich schrecklich, mich zu sehen. Nichts wies darauf hin, daß sie mit anderen wilden Löwen zusammen gewesen sein könnte. Sie war hungrig und vertilgte den größten Teil des Hinterviertels eines schon ziemlich riechenden *Granti*, das ich auf meinem Weg geschossen hatte. Am nächsten Morgen schoß ich ein Schwein für sie, das sie sehr genoß. Sie fraß tatsächlich so viel, daß sie sich nicht aus dem Lager rühren wollte.

Am Sonntagmorgen, während wir im Studio waren – Elsa schlief fest hinter mir –, sah ich ein acht Fuß langes Krokodil auf dem Felsen am anderen Ufer aus dem Wasser kommen. Ich schlich an den Wasserrand und machte eine Aufnahme von ihm und schlich zurück, um mein Gewehr aus dem Lager zu holen. Schließlich schoß ich es durch den Hals. Es rührte sich nicht von dem Felsen. Ich schickte Makedde hinüber, damit er ihm einen Strick um den Hals wand und es dann herüberzog. Elsa beobachtete den Vorgang mit großem Interesse, hatte das Krokodil aber immer noch nicht entdeckt, nicht ehe es nahe am Ufer war. Sie näherte sich ihm sehr vorsichtig, genau wie dem Büffel, streckte eine Tatze aus und tappte ihm behutsam auf die Schnauze. Und als sie sich dann überzeugt hatte, daß es tot war, packte sie es und brachte es ans Ufer, wobei sie eine schreckliche Grimasse des Abscheus zog. Sie versuchte nicht, es zu fressen, sondern bevorzugte das Schwein, das inzwischen sehr stank.

Ich verließ Elsa am Montagmorgen. An einem der Regentümpel begegnete ich einem riesigen Büffelbullen. Am nächsten Morgen machte ich auf den großen Löwen Jagd, den wir damals nicht erwischten, als Elsas Mutter erschossen wurde. Er hat viel Schaden verursacht und während der letzten paar Wochen zwölf von Robas Rindern geschlagen. Vier Nächte saß ich über ausgelegten Ködern, und einen Teil der Tage suchte ich zwischen den felsigen Hügeln nach seiner Fährte. Alles, was ich fand, war die Spur einer Löwin mit zwei drei bis vier Monate alten Jungen, zweifellos Kusinen oder Stiefschwestern von Elsa. Jedenfalls war ich nicht traurig, daß der alte Löwe nicht auftauchte. Ich glaube nicht, daß er sich eignet, gefangen und zu Elsa gebracht zu werden.

Isiolo, den 12. Mai 1959

Nun, ich fuhr am Sonntag, dem 3. Mai, ab. Da es während der Woche sehr stark geregnet hatte, nahm ich nur den Landrover mit Asman und Makedde mit. Wir blieben an der gleichen Stelle stecken, wo sich Dein Wagen und mein Anhänger festgefahren hatten, und mußten die Nacht im Freien verbringen. Es gelang uns, freizukommen, nachdem wir uns eine Stunde abgemüht hatten, fuhren uns aber dann im nächsten trockenen Bachbett hoffnungslos fest. Rackerten uns ohne Erfolg bis zur Dunkelheit ab, schlugen das Lager für die Nacht auf. Schwerer Regen. Bachbett voller Wasser. Mühten uns den ganzen Morgen ab, wanden einzeln jedes Rad hoch, kamen ein paar Zoll heraus und sanken dann wieder tief zurück. Um zwei Uhr nachmittags war es uns schließlich gelungen, hindurchzukommen. Dann kam das nächste Bachbett, das hoch überflutet war (dasjenige, wo Du darauf bestandest, mit dem Landrover über Steine überzusetzen). Während der Nacht kam ein großes Löwenrudel und brüllte die meiste Zeit in der Dunkelheit nahe beim Lager. Ich glaube, sie hatten eine Jagdbeute in der Nähe. Kein Regen, darum gelang uns nach einigem Graben die Überquerung, und wir fuhren weiter und stellten fest, daß wir den nächsten Fluß gerade noch überqueren konnten. Während der Nacht hatte das Wasser sehr hoch gestanden. Ich fuhr weiter.

Kurz vor der Abzweigung zu Elsas Lager stieß ich plötzlich auf zwei Nashörner mitten auf der Wagenspur in etwa fünfundzwanzig Meter Abstand. Muttertier und ein fast erwachsenes Kalb. Da sie keine Neigung zeigten, sich von der Stelle zu rühren, stieg ich mit meinem Gewehr Kaliber 303 aus dem Wagen. Die Kuh senkte den Kopf und griff an. Während sie anstürmte, schrie ich sie an, um sie zur Vernunft zu bringen, aber sie steigerte lediglich das Tempo, und ich war gezwungen, zu schießen. Fünf Meter vor dem

Wagen drehte sie ab und verschwand. Ich folgte der Fährte ein paar hundert Meter, fand aber kein Anzeichen dafür, daß sie getroffen worden war.

Ich fuhr weiter und erreichte das Lager gegen halb ein Uhr mittags. Von Elsa war kein Zeichen zu finden, und der Fluß führte Hochwasser, stärker als wir je gesehen hatten. Natürlich hatte der Regen jede Fährte, die vielleicht vorhanden gewesen war, weggespült. Ließ am Abend Kanonenschläge und Leuchtkugeln los. Am nächsten Morgen noch nichts von Elsa. Ich zog los und verfolgte die Rhinozerosfährte wieder etwa zwei Meilen weit. Keine Blutspur oder Anzeichen einer Verletzung. Ich glaube, ich muß es ins Horn getroffen haben. Nachdem ich nach dem Nashorn gesucht hatte, ging ich weiter und schoß für Elsa eine Giraffengazelle, da das *Granti*, das ich für sie mitgebracht hatte, schon stank. Elsa tauchte an diesem Tage nicht auf, auch an den beiden nächsten nicht. Ich konnte meine Befürchtungen nicht unterdrücken, obwohl der wahrscheinlichste Grund war, daß sie sich wilden Löwen angeschlossen hatte. Ich schickte Makedde und Asman aus, um in den afrikanischen Ansiedlungen nachzuforschen, aber von Löwen war nichts gehört oder gesehen worden. Darum begann ich am Sonntagmorgen schweren Herzens zusammenzupacken (ich war schon eine Woche unterwegs).

Plötzlich gab es einen großen Aufruhr bei den Pavianen auf dem anderen Flußufer, und Elsa kam triefend naß an, sah so gut aus wie eh und je. Ihr Bauch war ziemlich leer, aber sie war nicht so hungrig, denn über die Giraffenantilope rümpfte sie die Nase, wofür ich ihr keinen Vorwurf machte, da sie stank. Sie war die gleiche alte Elsa, voller Zuneigung und freute sich so, mich zu sehen. Es gab keine Anzeichen dafür, daß sie mit anderen Löwen zusammen gewesen war, noch hatte sie seit Deiner Abreise irgendein Zeichen gezeigt, daß sie heiß war. Aber das kann natürlich zwischen den Besuchen der Fall gewesen sein. Nachdem sie sich niedergelegt hatte, ging ich los und besorgte ihr eine frische Giraffenantilope. In der Nacht schleppte sie sie in das kleine Bergzelt. Wie Du Dir vorstellen kannst, bot es für mich, Elsa und den Bock nicht sehr viel Platz. Da der Bock allerdings frisch war, hatte ich nicht sehr viel dagegen, trotz des Blutes und des Schmutzes, mit dem ich und das Zelt bedeckt wurden.

Elsa lebt jetzt seit fast sechs Monaten selbständig. Sie ist ebenso befähigt, für sich zu sorgen wie jeder wilde Löwe, und begibt sich offensichtlich auf weite Safaris. Jedoch haben sich ihre Freundlichkeit und ihre Zuneigung nicht im geringsten Grad geändert, und sie ist genau die gleiche wie bei Deiner Abreise. Sie ist in jeder Hinsicht wie eine wilde Löwin, aber mit einer Ausnahme, und das ist ihre außergewöhnliche Freundlichkeit gegenüber Europäern. Ich bin überzeugt, daß sie uns als eine Art Löwen betrachtet, die sie nicht zu fürchten braucht und die mit der üblichen beiläufigen Freundlichkeit zu behandeln sind. Es besteht jetzt keine Frage, daß Elsa auf meine Rückkehr wartet und hofft. Sie freut sich immer sehr, mich zu sehen, und sieht es offensichtlich nicht gerne, wenn ich sie verlasse. Aber falls ich endgültig fortbleiben sollte, glaube ich nicht, daß es ihr Dasein sehr beeinträchtigen würde.

Isiolo, den 20. Mai 1959

Ich kann Dir nichts weiter über Elsa berichten. Ich habe jede Einzelheit in meinen Briefen mitgeteilt, Du weißt, daß sie nicht weit vom Lager fort will, wenn sie den Bauch voll hat, und einfach die Tage bei mir unter dem Studiobaum verbringt. Falls nicht etwas Ungewöhnliches geschieht, ist der Tagesablauf der gleiche wie vor Deiner Abreise. Elsa ist bestimmt unabhängiger und streicht weiter umher und ist nicht länger für ihre Ernährung auf mich angewiesen. Sie ist fremden Afrikanern gegenüber vielleicht argwöhnischer und will Nuru oder Makedde nicht in ihre Nähe lassen, wenn sie bei ihrem Fleisch ist. Wenn das Fleisch fortgeschafft werden muß, entweder von dem Zelt zum Studio am Morgen oder am Abend vom Studio zum Zelt, muß ich es tragen, und Elsa marschiert hinterher. Elsa bringt ihr Fleisch sogar in das kleine Bergzelt, und ich muß mich einfach damit abfinden, oder wenn es zu stark riecht, mein Bett herausstellen. Offensichtlich weiß sie, daß ihr Futter ganz sicher ist, wenn es sich in meiner Nähe befindet. Ich bin überzeugt, wenn sie Junge bekommt, wird sie sie mitbringen und bei mir deponieren, damit ich auf sie aufpasse. Wenn das geschieht, halte ich es nicht für möglich, daß sie irgend jemand, von uns abgesehen, in ihre Nähe kommen läßt. Das Personal müssen wir wohl zurücklassen.

Ich freue mich darauf, Elsa wieder zu besuchen. Sie war recht rührend, als ich sie das letzte Mal verließ. Ich versuchte, mich unbemerkt davonzuschleichen, aber als ich zurücksah, stand sie am Rand der Salzlecke und sah mir nach. Sie versuchte nie, mir zu folgen. Ich kam mir wie ein Dieb vor, der sich fortstiehlt.

Isiolo, den 3. Juni 1959

Es gelang mir, spät am Samstag mit einem amerikanischen Arzt namens Delaney und seinem Jäger Henry Poolman fortzukommen, um einen Löwen zu suchen, von dem berichtet wird, daß er einen Boran getötet und einen anderen verletzt hat. Delaney ist ein leidenschaftlicher Sportsmann und wollte den Löwen selbst jagen. Wir erreichten unser Ziel abends in einem heulenden Sturm, der Staubwolken aus der Ebene aufwirbelte. Am nächsten Morgen gingen wir mit einer Gruppe Boran zu dem Ort, wo der Mann getötet worden war. Es ist sehr dichtes Buschgelände. Anscheinend jagte eine Gruppe von acht Boran auf sieben Löwen, die ein Kamel getötet hatten. Sie stießen auf die Löwen, von denen einer – ein Männchen – Kampfgeist zeigte. Ein Boran schleuderte seinen Speer auf ihn und verletzte ihn an der Flanke. Der Löwe, aufs höchste gereizt, lag versteckt und wartete, und sobald die Boran seine Fährte aufnahmen, sprang er einen von ihnen an und biß den Mann durch den Arm. Die anderen retteten ihren verwundeten Gefährten und brachten ihn aus dem Busch heraus. Dann kehrten sie zu dem Kampfort zurück und entdeckten den Löwen in einem absolut undurchsichtigen Dickicht. Törichterweise wagte sich einer von ihnen ein paar Schritte vor. Ehe man erkannte, was geschah, hatte der Löwe sich auf ihn gestürzt, biß ihn in die Brust und zog sich dann wieder in seine Festung zurück. Der Verletzte wurde herausgebracht, starb aber kurz darauf. Wir fanden eine frische Löwenfährte und folgten ihr ein Stück weit in den Busch.

Aber da sie mit dem Wind verlief, kam ich zu der Ansicht, die größte Chance sei, zu versuchen, ihn mit einem Köder anzulocken und ihm dabei aufzulauern. Ich ließ Delaney und Poolman zurück und fuhr weiter, um Elsa aufzusuchen, und kam gegen acht Uhr abends am Lagerplatz an. Eine Viertelstunde später erschien sie und begrüßte mich in der üblichen Weise. Sie sah gesund und kräftig aus, war aber sehr hungrig und vertilgte während der Nacht fast die Hälfte der Grantgazelle, die ich ihr mitgebracht hatte. Früh am nächsten Morgen schleppte sie den Rest in den Busch unterhalb des Lagers und blieb den ganzen Tag dort, besuchte mich nur ein paar Mal im Studio, um sich zu vergewissern, daß ich noch da sei. Am Dienstagmorgen folgte sie mir eine halbe Meile den Fluß entlang, nachdem sie gefressen hatte. Plötzlich begann sie sich sehr für das andere Ufer zu interessieren. Offensichtlich hatte sie etwas gewittert. Ich versteckte mich gegenüber der Stelle, für die sie sich zu interessieren schien, und wartete. Ich konnte weder etwas hören noch sehen. Plötzlich entstand Unruhe, und ein männlicher Wasserbock brach aus dem Busch hervor, sprang ins Wasser und kam gerade auf mich zu, mit Elsa dicht auf seinem Fersen. Als er mich sah, versuchte er umzudrehen, aber Elsa hatte ihn erreicht und tauchte ihn unter. Es erfolgte ein wilder Kampf im Wasser. Elsa wechselte schnell den Griff und packte ihn an der Kehle. Als dann sein Widerstand schwächer wurde, packte sie ihn am Maul und bedeckte den ganzen Vorderteil seines Kopfes mit ihren Tatzen, offensichtlich in der Absicht, ihm die

Atemluft zu nehmen. Schließlich konnte ich den Anblick nicht länger ertragen und gab ihm einen Gnadenschuß. Der Bock mußte gut vierhundert Pfund gewogen haben. Mit ungeheurer Anstrengung schleppte Elsa ihn das kahle Ufer halb hinauf, aber dann schien sie am Ende ihrer Kraft zu sein. Ich versuchte ihr zu helfen, konnte den Bock aber nicht bewegen. Ich ließ sie zurück und ging zum Lager, um Nuru und Makedde mit Seilen zu holen. Als wir wiederkamen, lag der Bock im Trockenen hoch am Ufer! Elsas Kraft ist unglaublich – stell Dir vor, was sie mit einem schwachen Menschen anfangen könnte! Es zeigt nur, wie rücksichtsvoll und sanft sie zu uns ist. Unter großen Schwierigkeiten verließ ich sie am 2. Sie wußte, daß ich abfuhr, beobachtete mich lange und gespannt und wollte mich nicht aus den Augen lassen. Schließlich schlief sie nach zwei Stunden ein, und ich konnte mich fortstehlen.

Mache Dich auf eine begeisterte Begrüßung gefaßt. Tatsächlich halte ich es für das beste, daß Du Dich nicht zeigst, bis sie mich begrüßt und sich etwas beruhigt hat.

Am 5. Juli kehrte ich nach Kenia zurück. Ehe das Flugzeug auf dem Flugplatz von Nairobi landete und ehe ich George sah, erkannte ich unseren Landrover. Er war bei weitem der mitgenommenste Wagen neben den schimmernden Limousinen auf dem Parkplatz. Wie sehr ich auch bei anderen Gelegenheiten errötet wäre, wenn man mich mit einem derart schäbigen

Vehikel in Verbindung gebracht hätte, jetzt war ich tief gerührt, als ich ihn dort stehen sah, mit all den Kratzern und Dellen, Elsas Spuren, die sie darauf zurückgelassen hatte. Ich schlug George vor, sofort loszufahren, um sie aufzusuchen, aber er überzeugte mich, daß wir erst einen neuen Landrover kaufen mußten, da unser alter Freund buchstäblich in Stücke fiel. Wir mußten uns also von diesem bewährten, aber altersschwachen Gefährten trennen, der so weitgehend ein Teil Elsas gewesen war, und kauften uns das neueste Luxusmodell, das natürlich viel bequemer und respektabler war. Aber wir fragten uns, wie Elsa darauf reagieren würde.

George hatte den Beginn seines Urlaubs mit meiner Rückkehr zusammengelegt, und bald befanden wir uns auf dem Wege zu Elsa. Als wir am 12. Juli bei ihrem Lager eintrafen, dunkelte es bereits. Etwa zwanzig Minuten später hörten wir das vertraute Bellen der Paviane vom Fluß. Das kündigte immer Elsas Kommen an.

George rief, ich solle in den Wagen steigen, bis Elsa einen Teil ihrer Energie bei seiner Begrüßung verbraucht habe, da er fürchtete, sie könne in ihrer Aufregung, mich nach einer so langen Trennungszeit wiederzusehen, ihre große Kraft nicht kontrollieren und mich verletzen.

Nur widerwillig folgte ich seinem Vorschlag und beobachtete, wie sie ihn begrüßte, aber nach ein paar Minuten kam ich heraus. Plötzlich sah sie mich und kam, als ob es die natürlichste Sache der Welt wäre, ruhig von George zu mir und begann ihr Gesicht gegen meine Knie zu reiben, und miaute in ihrer üblichen Weise. Dann benutzte sie ihre dreihundert Pfund Gewicht, mich umzuwerfen, wobei sie ihre Krallen gut einzog, und spielte danach in ihrer üblichen freundlichen Art ohne jedes Getue oder Aufregung. Sie war gut genährt und enorm gewachsen, und ich war froh, zu sehen, daß sie einen vollen Bauch hatte. Infolgedessen dauerte es lange, bis sie überhaupt Interesse für die Grantgazelle zeigte, die George mitgebracht hatte. Zu unserer Überraschung sprang sie später mit der gleichen Selbstverständlichkeit, mit der sie mich begrüßt hatte, auf das Verdeck des neuen, glänzenden Landrovers, obwohl er sich von dem alten, mitgenommenen Vehikel, an das sie gewöhnt war, sehr unterschied.

Für die Nacht beschlossen wir, daß ich mein Bett in meinem Wagen aufschlagen sollte, falls Elsa geneigt sei, mir Gesellschaft zu leisten. Das erwies sich als kluge Vorsichtsmaßnahme, denn bald, nachdem die Lichter gelöscht worden waren, kroch sie entschlossen durch das Dornengehege, das meine Boma umgab, stellte sich auf ihre Hinterbeine, sah in den Lastwagen und überzeugte sich, daß ich da war. Danach legte sie sich allerdings dicht bei dem Wagen bis zum frühen Morgen nieder. Dann hörte ich sie die Grantgazelle zum Flußufer hinterschleifen, wo sie sie bewachte, bis George aufstand und zum Frühstück rief. Dann erschien sie wieder und setzte dazu an, auf mich loszustürmen. Als ich aber »Nein, Elsa, nein!« rief, beherrschte sie sich und kam ruhig näher, und während wir aßen, saß sie neben mir und berührte mich mit einer Pranke. Dann kehrte sie zu ihrer vernachlässigten Beute zurück.

Während der nächsten sechs Tage schloß sich Elsa unserem Lagerleben an und begleitete uns auf unseren Morgen- und Abendgängen. An einem Tage beobachteten wir sie, wie sie einen Wasserbock anschlich, während er auf der anderen Seite des Flusses trank. In einer höchst unbequemen Stellung erstarrte sie zur Unbeweglichkeit, bis er ihr eine Möglichkeit gab, sich schnell aus dem Wind zu schleichen. Darauf überquerte sie ohne das geringste Plätschern den Fluß und verschwand im Busch. Als sie zurückkehrte, rieb sie ihren Kopf an uns, als ob sie uns über das offensichtliche Fehlergebnis ihrer Jagd unterrichten wollte. Bei einer anderen Gelegenheit überraschten wir einen großen Raubvogel auf dem Körper eines frisch geschlagenen Dik-Dik. Als er von seinem Opfer abließ, boten wir die kleine Antilope Elsa an, aber sie verweigerte sie, indem sie ihre Schnauze zu der üblichen Grimasse kraus zog, wenn sie etwas nicht mochte. Ein andermal picknickten wir bei einer Angeltour unten am Fluß, und ich saß da und zeichnete sie. Sobald ich begann, mein Sandwich zu essen, bestand sie darauf, daß sie ihren Anteil abbekam, und versuchte, es mir mit ihren großen Tatzen vom Mund wegzuschnappen.

Bei anderen Gelegenheiten war sie nicht so sanft, und wir mußten sehr aufpassen, um ihren spielerischen Überfällen zu entgehen, denn sie war jetzt so schwer geworden, daß der Anprall ihres kräftigen Körpers für uns nicht das gleiche Vergnügen war wie für sie.

An einem Morgen spielte sie hingebungsvoll im Fluß mit einem Stock, den George für sie ins Wasser geworfen hatte. Sie apportierte ihn, hüpfte in Kapriolen darum herum, spritzte mit ihrem Schwanz so viel Wasser auf, wie sie konnte, ließ den Stock wieder fahren, nur um einen Vorwand zu haben, wieder danach zu tauchen und ihn stolz an die Oberfläche zu bringen. Während George sie nahe vom Wasserrand aus filmte, gab sie vor, ihn nicht zu bemerken, aber manövrierte sich raffiniert immer näher an ihn heran. Dann ließ sie den Stock plötzlich los und sprang den Armen an, als ob sie sagen wollte: »Das hast du davon, du Fotograf.« Als George sich zu rächen versuchte, sprang sie davon und kletterte mit unglaublicher Schnelligkeit einen schrägen Baumstamm empor bis außer Reichweite. Dort saß sie, leckte sich die Pfoten und tat sehr unschuldig.

Nach dieser Vorstellung kam Elsa an den nächsten beiden Tagen nur zu sehr kurzen Besuchen zu uns und schien von anderen Dingen sehr in Anspruch genommen zu sein. Am 23. erschien sie nicht zu unserem Morgengang, aber am späten Nachmittag beobachteten wir sie auf der felsigen Hügelkette nahe beim Lager und trauten kaum unseren Augen, als wir innerhalb zwanzig Metern von ihr eine völlig unbesorgte Schar von Pavianen sahen. Sehr zögernd beantwortete sie unseren Ruf und begegnete uns am Fuß der Felsen, zog sich danach aber, so schnell sie konnte, in den Busch zurück. Wir folgten ihr, bis es dunkel wurde. Später kam sie zu uns zurück, ließ mein Tätscheln über sich ergehen, war aber offensichtlich ruhelos, fühlte sich unbehaglich und wollte fort. Die ganze Nacht und den nächsten Tag blieb sie fort und erschien nur einmal zu einer hastigen Mahlzeit. Am folgenden Tag tauchte sie plötzlich triefend naß auf, da sie über den Fluß gekommen war, während wir nach dem Abendessen unseren Spaziergang machten. Sie begrüßte George und mich liebevoll, aber während sie ihre Abendmahlzeit verzehrte, unterbrach sie sich ständig, um auf etwas außerhalb des Lagers zu lauschen. Am Morgen war sie verschwunden. Dieses seltsame Betragen stellte uns vor ein Rätsel. Es waren keine Anzeichen dafür vorhanden, daß sie heiß war, und wir begannen uns zu fragen, ob wir zu lange geblieben seien. Dieses war bei weiten die längste Zeit, die wir nach ihrer Freilassung bei ihr verbrachten.

Am nächsten Abend, als wir beim Abendessen saßen, erschien Elsa plötzlich wieder aus der Dunkelheit und fegte mit einem Schlag ihres Schwanzes den Tisch leer. Nachdem sie uns mit übertriebener Zuneigung umarmt hatte, verschwand sie in die Nacht hinaus, wenn sie auch noch einmal für einen kurzen Augenblick, wie um sich zu entschuldigen, wiederkehrte.

Am nächsten Morgen fanden wir eine Erklärung für ihr seltsames Verhalten eindeutig in den Spuren eines großen Löwen. Am Nachmittag beobachteten wir durch unsere Feldstecher viele kreisende Geier und forschten nach. Wir fanden die Spuren vieler Hyänen und Schakale und die Fährte eines Löwen. Sie führte zum Fluß, wo der Löwe zweifellos getrunken und einen großen blutdurchtränkten Fleck im Sand zurückgelassen hatte. Aber von Elsas Fährte war nichts zu entdecken, und auch keine Beute war zu finden, die die Anwesenheit der Geier oder den Blutfleck erklären konnte. Sechs Stunden lang suchten wir das umliegende Gebiet ab, mußten aber ins Lager zurückkehren, ohne das Geheimnis gelöst zu haben. Am Abend kam Elsa sehr hungrig zurück und verbrachte die Nacht bei uns, war aber bei Tagesanbruch verschwunden.

Am 29. sahen wir sie auf dem hohen Felsgipfel, und nachdem wir ein paar Minuten nach ihr gerufen hatten, kam sie zu uns, schnurrte mehrmals und liebevoll, kehrte aber bald zu ihrem Felsen zurück. Jetzt bemerkten wir, daß sie heiß war, wodurch sich ihr kürzliches Verhalten erklärte. Als wir sie am Nachmittag wieder besuchten, antwortete sie zwar auf unsere Rufe, wollte aber nicht zu uns herunterkommen, und wir mußten auf den Felsen hinaufklettern. Als es dunkel wurde, stand sie auf, rieb ihren Kopf an mir, George und dem Gewehrträger, als ob sie sich verabschieden wollte, und ging dann langsam auf ihren Liegeplatz zu. Nur einmal sah sie sich nach uns um. Am nächsten Tag sah ich sie durch mein Fernglas auf ihrem Felsen liegen. Wenn sie hätte sprechen können, wäre sie kaum fähig gewesen, uns überzeugender zu sagen, daß sie allein gelassen werden wolle. Wieviel Liebe wir ihr auch entgegenbrachten, es war deutlich zu erkennen, daß sie die Gesellschaft von ihresgleichen brauchte.

Wir entschlossen uns, das Lager abzubrechen. Als

unsere beiden Wagen unter ihrem Felsen vorbeikamen, erschien sie auf der Höhe und beobachtete, wie wir davonfuhren.

Unser nächster Besuch bei Elsa erfolgte vom 18. bis zum 23. August. Sie war wie üblich sehr liebevoll, während sie bei uns war, aber von diesen fünf Tagen verbrachte sie zwei allein im Busch, und obwohl wir keine Fährte eines Löwen fanden, schien sie die Einsamkeit einem Leben mit uns vorzuziehen. Es war natürlich für sie das Beste, wenn sie von den Bindungen an uns unabhängig wurde.

Am 29. August mußte George sich bei einer Wildkontrolle in Elsas Gebiet begeben und kam um sechs Uhr abends bei ihrem Lager an, um dort zu übernachten. Er feuerte zwei Kanonenschläge ab, um sie aufmerksam zu machen. Gegen acht Uhr hörte er unten am Fluß einen Löwen und löste noch einen Kanonenschlag. Der Löwe rief die ganze Nacht hindurch, aber Elsa zeigte sich nicht. Am nächsten Morgen fand George die Spuren eines Junglöwen oder einer Löwin nahe beim Lager. Er mußte sofort weiter, kam aber um vier Uhr nachmittags zurück. Eine Stunde später kam Elsa über den Fluß, sah sehr gesund aus und war voller Zuneigung. Obwohl sie nicht hungrig war, fraß sie etwas von dem Bock, den George ihr mitgebracht hatte, und schleppte den Kadaver dann in das Zelt. Bald nach Einbruch der Dunkelheit begann ein Löwe zu rufen. Zu Georges großer Überraschung ignorierte sie die Einladungen völlig, die den größten Teil der Nacht über anhielten.

Früh am nächsten Morgen fraß sie sich gründlich

satt und verschwand dann, ohne Eile zu zeigen, in der Richtung, aus der der Löwe gerufen hatte. Bald danach vernahm George ihre Stimme. Er sah sie auf einem Felsen sitzen und hörte sie tiefes Grunzen ausstoßen. Sobald sie ihn entdeckt hatte, kam sie zu ihm herunter, und obwohl sie sich sehr freute, ihn zu sehen, gab sie klar zu verstehen, daß sie allein sein wolle, und verschwand nach einem kurzen Kopfreiben im Busch. George folgte ungefähr der Richtung. Schließlich sah er sie fast unter einem Busch verborgen auf einem Felsen sitzen. Er beobachtete sie eine Zeitlang. Sie schien sehr unruhig und spähte unentwegt gespannt flußabwärts. Erst miaute sie, sprang dann mit einem überraschenden »Whuff-Whuff« von dem Felsen und schoß an George vorbei in den Busch. Einen Augenblick später erschien ein junger Löwe; offensichtlich in heißer Verfolgung, und ohne George zu bemerken, kam er direkt auf ihn zu. Als der Löwe nur noch zwanzig Meter entfernt war, hielt George es an der Zeit, zu handeln, winkte mit den Armen und rief ihn an. Erschrocken machte das Tier kehrt und verschwand in der Richtung, aus der es gekommen war. Ein paar Sekunden später erschien Elsa wieder, kauerte ein paar Augenblicke neben George und folgte dann dem Löwen. George zog sich zurück und verlegte sein Lager.

Zwei Tage später mußte er das gleiche Gebiet wieder besuchen. Ein paar hundert Meter von Elsas Lagerplatz sah einer der Männer im Wagen sie unter einem Busch dicht bei der Fahrspur sitzen. Anscheinend versteckte sie sich. Das war ein höchst ungewöhnliches Verhalten, denn normalerweise kam sie angestürmt, um dem Wagen zu begegnen und alle zu begrüßen. George dachte, der Mann habe Elsa mit einer wilden Löwin verwechselt, wendete und fuhr zurück. Tatsächlich fand er sie unter einem Busch. Zunächst rührte sie sich nicht. Dann erkannte sie, daß sie entdeckt worden war, kam heran und war die Höflichkeit selbst. Sie begrüßte George umständlich und gab vor, sich mehr denn je zu freuen, ihn zu sehen, und ließ sich dazu herab, etwas von dem Fleisch zu fressen, das er ihr mitgebracht hatte. Während sie fraß, ging George die Fahrspur entlang, um nach Spuren zu suchen. Er fand ihre Fährte zusammen mit der eines anderen Löwen. Dann sah er auch den Löwen selbst, der hinter einem Busch hervor nach ihm ausspähte. Es schien der gleiche zu sein, den er vor ein paar Tagen mit Elsa zusammen gesehen hatte. Schließlich erklang das Gebell einer Schar Paviane am Fluß, das die Annäherung des Löwen verkündete. Als Elsa das hörte, beendete sie hastig ihr Mahl und machte sich davon, um ihren Herrn und Meister zu suchen.

George fuhr weiter und schlug das Lager auf. Den Rest des Fleisches ließ er im Zelt für Elsa zurück, ehe er an seine Arbeit ging. Als er wieder ins Lager kam, war das Fleisch immer noch unberührt, und Elsa erschien auch nicht während der Nacht.

Endlich hatte Elsa ihren Gefährten gefunden, und vielleicht erfüllen sich unsere Hoffnungen, daß sie eines Tages wieder ins Lager kommen und uns einen Wurf kräftiger Löwenbabys vorführen wird.

Diese Hoffnungen haben sich tatsächlich erfüllt. Ende Dezember traf beim englischen Verlag folgendes Telegramm ein: »am 20. junge geboren – adamson.«

Schlußwort

Wir haben unser Ziel erreicht, wenn wir uns dadurch auch einen bitteren Schmerz zufügten. Elsa ist frei. Sie lebt jetzt seit einem Jahr das natürliche, unabhängige Leben einer wilden Löwin und hat sich dennoch ihre ganze Zuneigung für uns, die sie so lange ernährt haben, erhalten. Wer weiß, wie lange es uns noch möglich sein wird, ihr weiters Leben zu verfolgen. Auf jeden Fall werden wir es versuchen.

Was auch schließlich ihr Schicksal sein mag, wir werden immer für dieses einmalige Erlebnis und die bleibende Erinnerung an ihren liebenswerten Charakter dankbar sein. Wenn ich traurig gestehen muß, daß es mich viel gekostet hat, Elsa ihre Freiheit zurückzugeben, denke ich gern daran, wie sie mich zu trösten versucht, indem sie ihr Gesicht an meinem reibt und mir auf ihre Weise zu verstehen gibt: *»Ich aber wurde frei geboren.«*

Nachwort von Charles Pitman

Die Aufforderung, zu Joy Adamsons faszinierender Geschichte der Löwin Elsa, die niemals ›Gewalt oder Einschränkungen unterworfen wurde‹, ein Nachwort zu schreiben, ist ohne jeden Zweifel eine Ehre und Auszeichnung.

Das Buch schildert ein höchst bemerkenswertes, wahrscheinlich einmaliges Verhältnis zwischen Mensch und Tier, das ein gutes Beispiel dafür bietet, daß die Wirklichkeit merkwürdiger als eine erfundene Geschichte sein kann.

Die Verfasserin und ihr Mann George Adamson haben durch ihre unerschöpfliche Geduld ein so starkes Band der Zuneigung zwischen sich und der jungen Löwin geschaffen, daß sie sich nicht nur ihre Freundschaft, sondern auch ihre liebevolle Anhänglichkeit erhalten konnten, nachdem das Tier lange seine Reife erreicht hatte und eine voll ausgewachsene, freilebende Löwin geworden war, die mit einem Schlag ihrer mächtigen Tatze einem Menschen das Genick brechen konnte.

Trotz aller Beweise ihrer angeborenen Wildheit verlor Elsa niemals ihr völliges Vertrauen in ihre menschlichen ›Eltern‹ – und wird es meiner Ansicht nach nicht verlieren –, an denen sie mit besonderer Ergebenheit hängt, einer Ergebenheit, die sie ihresgleichen nie entgegenbringen würde. So kam es, daß sich Elsa, als es im besten Interesse beider Seiten ratsam wurde, die Löwin in die Wildnis zurückkehren zu lassen, mit Gleichmut und einer rührenden Würde in eine Situation fügte, die sie offensichtlich verwirrte, und daß sie sich vor allem nicht nachtragend zeigte.

Georges Briefe über seine späteren Besuche in Elsas Wohngebiet zeigen echtes Gefühl. Sie versäumte nie, zu ihm zu kommen und ihn zu begrüßen. Aber jedesmal schrieb er, es gebe keine Anzeichen, daß sie sich einem wilden Gefährten oder einem Rudel angeschlossen habe. Oft hat sie sich mit ihresgleichen vereinigt, sich ihnen aber ständig anzuschließen schien sie vermeiden zu wollen. Hatte ihr enges Zusammenleben mit Menschen eine so große Kluft zwischen ihr und den wild lebenden Löwen geschaffen, daß sie nicht überbrückt werden konnte? War ihre Bindung an jene, die sie solange geliebt und denen sie solange vertraut hatte, unlösbar geworden? Viele Tiere unterwerfen sich dem Menschen. Elsa aber tat es nicht. Sie war frei geboren, niemals untertan, entwickelte eine leidenschaftliche Ergebenheit für ihn und wurde ihm gleichwertig.

Um aber die Lösung für dieses Problem zu finden, wollen wir uns dem Ausgang zuwenden. Elsa ist nicht länger von ihren Pflegeeltern abhängig. Nach langer Zeit hat sie schließlich einen Gefährten gefunden, und ihr Geschick geht einem natürlichen, glücklichen Ende entgegen. Auf diese Weise wurde von keiner

Seite das Vertrauen enttäuscht, und die Adamsons haben schließlich das Ziel erreicht, das sie sich gesetzt hatten. Elsa gehörte wieder der Wildnis an. Möge sie sich lange ihres natürlichen Daseins erfreuen.

Für die sachliche, lebhafte Schilderung der vielen Aspekte dieser seltsamen Beziehung, die über drei Jahre gedauert hat, sind wir Joy Adamson zu Dank verpflichtet. Ein Teil der sorgfältig aufgezeichneten Beobachtungen hat beachtlichen wissenschaftlichen Wert. Manche haben einen Teil meiner eigenen Beobachtungen über das Verhalten von Löwen bestätigt. Möge Elsa noch viele Jahre erhalten bleiben, um die unglaublich vielen Kenntnisse, die sie uns so freigiebig verschafft hat, noch zu vergrößern.

George Adamson ist Senior Game Warden in einem ostafrikanischen Wildgebiet. Seine Pflicht ist in erster Linie, das Wildleben soweit zu erhalten, als es nicht in unmittelbare Konflikte mit dem Menschen und seiner Arbeit gerät. Folglich untersteht ihm auch die Kontrolle des Wildlebens, und wenn es notwendig ist, muß er gefährliche und schädliche wilde Tiere vernichten. Auf diese Weise kam Elsa in seinen Besitz. Das überwiegend unbewohnte Gebiet, das ihm untersteht, umfaßt Zehntausende von Quadratmeilen, und er muß es mit einer hoffnungslos unzulänglichen Truppe von Afrikanern überwachen, um Wilddiebereien und Jagdfrevel zu entdecken und zu verhindern. Der Bericht gibt eine allgemeine Vorstellung von seinen Aufgaben und ihren vielfachen Schwierigkeiten, die unvermeidlicherweise noch komplizierter wurden, solange er von einer voll ausgewachsenen Löwin begleitet wurde. Seine Reisen waren wirklich erstaunliche Abenteuer.

Ich schließe in der aufrichtigen Hoffnung, daß es in dieser harten Welt noch lange derart humane und freundliche Menschen wie Joy und George Adamson geben werde, die sich der Waisen der Wildnis erbarmen.

Geheimnisvolle Tierwelt

Als Band mit der Bestellnummer 63202 erschien:

In diesem fesselnden Buch schildert der Duisburger Zoodirektor Dr. Wolfgang Gewalt die Abenteuer, die er beim Fang von Walen, Delphinen und Riesenfröschen erlebt hat. Von der Arktis bis Kap Hoorn, von Venezuela bis zu den Regenwäldern Kameruns, vom Rhein bis zum Yangtze-Kiang spannt sich der Bogen seiner Schilderungen.